阅读即行动

Éclaircissements

Michel Serres Bruno Latour

我不想保持正确

拉图尔对塞尔的五次访谈

[法] 米歇尔 · 塞尔 [法] 布鲁诺 · 拉图尔 著

顾晓燕 译

上海人民出版社

目录

访谈一　成长

拉图尔：我们有一个米歇尔·塞尔之谜。您既出名，却又不为人知。您的哲学界同行很少看您的书。

塞尔：您这么认为吗？

拉图尔：您的书从技术层面讲确实是关于哲学的。

塞尔：我希望如此。

拉图尔：这正是我希望您能为我们做一些说明（éclaircissements）的原因。您的书并不晦涩，但我们对阅读它们的方法却并不清楚。您勾勒出路径，但这条路却四通八达，通往科学、神话和文学。但与此同时，您又抹去了通往这些研究成果的痕迹。今天，我并不想请您介绍您新近的成果，或是评论您其他的论著，而是希望您帮助我们理解您的书。我希望借助这几次访谈能够重新把握您的思考路径，告诉我们您是如何行至此处，让我们可以走到魔术师的幕后，窥见他的秘密。我们还希望知道您的同行是哪些人，那些表面上独立存在的作品背后究竟有哪些前因后果。

塞尔:如果是一年半前,我可能会拒绝这样的尝试,但是现在我同意接受访谈,我等会儿告诉您原因。

拉图尔:我们的第一个理解困难是您为什么会把作品置于赫尔墨斯之名下[1]。赫尔墨斯是中介、翻译和多样性;而与此同时,特别是在您的作品中,又有一种我称之为"卡特里派"(cathare)[2]的一面——我可能用词不当——这关乎一种孤身、分离和直接性的意愿。所以我的第一个问题是关于您思想的发展历程。您不喜欢和人讨论。虽然您很有名,但您并不为您的同行真正理解。您也经常对他们颇有微词,这一点您得承认。究竟在您的成长过程中发生了什么可怕的事情,让您如此厌恶讨论,避之不及?究竟是哪些事件导致您最后从事哲学这一项孤独的事业呢?

---

① 米歇尔·塞尔在学术生涯初期在巴黎午夜出版社共出版了三部以"赫尔墨斯"为名的专著,分别是《赫尔墨斯 I 交流》(1969 年)、《赫尔墨斯 II 互涉》(1972 年)和《赫尔墨斯 III 翻译》(1974 年)。在 1977 年和 1980 年同样在午夜出版社又相继出版了《赫尔墨斯 IV 分配》和《赫尔墨斯 V 西北通道》。(本书脚注均为译者注)

② 卡特里派又称"纯洁派",是一个中世纪的基督教派别,受摩尼教思想的影响,兴盛于 12 世纪与 13 世纪的西欧,主要分布在法国南部。卡特里派提倡禁欲,特别是教派中的"完美者"信徒,要求其进行绝对禁欲和守贫的苦修。

战争中的一代人

塞尔：我的同时代人会对我将要说的事情感同身受，因为我要说的正是像我这样在1930年左右出生的一代人的成长环境。我6岁那年爆发了西班牙内战。9岁那年，纳粹发动闪电战，西欧战败，溃不成军。12岁那年，抵抗派和附敌分子势不两立，集中营的悲剧惨绝人寰。14岁，法国解放，战后清算；15岁，广岛事件。总之，从9岁到17岁，在本该是身体和情感日渐成熟的年纪，我目之所及皆是饥饿和配给、死尸和轰炸，罪孽丛生。殖民地战争随即又开始了，先是印度支那，然后又是阿尔及利亚……25岁我服兵役，战争又开始了，这次是北非战争，随后又是苏伊士运河战争。从出生到25岁之间，在我的周遭，发生在我身上的，同样也是在我们的周遭，发生在我们的身上的，只有战争。打仗，打不完的仗……我6岁时第一次看见死人，然后到26岁最后一次看见死于战乱的尸体。关于您刚才问到关于我的同时代人避之不及的问题，我这样回答可以吗？

拉图尔：是的，确实部分回答了。

塞尔：我们这一代人的童年非常不幸。比我年长的人在这些事件刚发生的时候应该有20岁了，所以他们已经成年，能以积极的方式活下去，参与其中。

而我的同龄人只能无奈和无力地被世事裹挟，因为无论是孩子还是少年都是弱者，不可能采取什么行动。暴力、死亡、血泪、饥饿、轰炸和集中营冲击着我的同龄人，让我们遍体鳞伤，因为这些恐怖事件正是发生在我们身体和心智的成长过程中。我的青春从《格尔尼卡》[1]开始（我无法直视毕加索的这幅名画），经由奥斯威辛，然后到长崎结束。

一个作品，即便是抽象的作品，它可以不作审判，但不可能不在很长一段时间以悲剧的见证者的形象示人。可能您把从我书里传出的哀哭称为“卡特里”吧。您知道吗？我的家族确实承袭了卡特里派的传统。耶利米的哀歌[2]正是从肮脏的战争和恐怖的暴力中传来。我看到的第一个裸体女人是一个被一群人公然处死的年轻姑娘。这种悲剧感不仅造就了我的精神和宽恕心，更是造就了我的身体和感官。

是的，在我读到《存在与时间》的时候，我仿佛从中看到了战前的时光，而这并非借助理解或记忆，是在身体层面上：我闻到了扑鼻的芬芳。您去问问我这

---

① 西班牙画家毕加索在20世纪30年代创作的画作，该画以法西斯纳粹轰炸西班牙北部巴斯克的重镇格尔尼卡、杀害无辜的事件为主题。

② 古代犹大国的一位先知，据传是《耶利米书》的作者，年少时蒙召，被称作“流泪的先知”。耶利米哀歌记载了犹太人在耶路撒冷和圣殿被毁之后的哀歌。

个年纪的人,那些当时生活在法国的人,他们在后来又被要求在高中里高唱致敬元帅的国歌[①],后来又在庆祝法国解放的日子里上街游行,赞美抵抗运动。从头至尾,陪在他们身边的都是同一群成年人。他们怎么可能不去鄙视这些成年人,怎么可能不在10岁的时候就年少老成,变得老练和机智?您去问问他们的鼻孔里是否至今还能在某些场合一下子闻到恶心的味道。我把马克斯·恩斯特[②]或毕加索的画作更多地看作(但我无法看它们)那个可怕时代的见证,而非艺术品。

拉图尔:这是时代思考这些事件的方式,但并不直接等同于您个人的成长。

塞尔:您说得太轻巧了。时代真正反思过它们吗?无论是马克斯·恩斯特回归野性,回归米诺陶诺斯[③],还是毕加索回归泛神教,我在这些作品身上看

① 即1941年创作的致敬贝当元帅的歌曲《元帅,我们来了》。该曲在"二战"期间的维希政权作为非正式的国歌被要求在学校里播放和演唱。

② 马克斯·恩斯特(Max Ernst,1891—1976),德裔法国画家,雕塑家,被誉为"超现实主义的达·芬奇",是欧洲达达运动和超现实主义艺术运动的先锋艺术家。

③ Minotauros,意为"米诺斯的牛",是希腊神话中饲养在克里特岛迷宫的食人肉的怪物。1933年至1939年巴黎超现实主义派创建了以"米诺陶诺斯"为名的杂志,作为其宣扬艺术理念的阵地,并先后邀请了毕加索、雷内·马格丽特、马克斯·恩斯特和安德列·马松四位艺术家创作了怪兽"米诺陶诺斯"形象的杂志封面。

到的是在那时代肆虐的残暴力量。这些力量是表达了那个时代,还是造就了那个时代?我大胆地说:是它们制造了那个时代。我还敢说,我这一代人依然还在看到“格尔尼卡”落于纸上摧毁我们,就像纳粹的飞机对城市狂轰滥炸。

拉图尔:您是想说这些作品表现的是恶的症状,而非对恶的分析,是吗?

塞尔:是的,是症状,而非对于恶的回应、防卫或反抗。不,我从未走出过它,我相信永远也无法从这段可怕的经历中走出来。到如今,我依然还感受到饥饿,我依然还听得到警报声,我至死都无法忍受这样的暴力。到20世纪中期,我们这一代人在历史最惨痛的悲剧中看到了光明,但却已经无力行动。

直到今天,我还是无法忍受任何能让我想起那个时代的东西。从未在那个时代生活过的人却觉得这些东西很时髦。可我却连自己小时候的照片都不愿看一眼,幸好这种照片也不多。那些愿意怀念青春的人是多么幸运啊!

拉图尔:这是否说明了您对那个时代避之不及的原因,或者更确切地说,您被它“烫伤过”?

塞尔:请注意,在和我一样经历过痛苦成长的同龄人中,很少有人写政治或从政。从政的人往往是比我们年长或年轻的一代人。

都是因为那段黑暗的日子:空气中弥漫着不幸、

暴力、罪恶、失败、耻辱和负罪感，让我们喘不过气来，无法呼吸。在科学和文化领域内走在前列的西方人可能从未像这样越行越远，面目可憎。

但这与敌我阵营的对立无关：广岛和长崎的原子弹与集中营无异，两者同样地撕碎了历史和良心，彻底地重创了人之为人的根本：它们伤害的不仅仅是历史的时间，还有人类进化走过的时间。

这种悲剧感以一种无法名状的恐怖，开始于1936年的西班牙内战——相信我，我记得很清楚，我身上的某些东西从来没有离开过那个时代——然后在1945年法国解放后血腥的清算运动中蔓延开。最后，殖民地战争和一些残暴事件在60年代为这个时代画上句号。算起来有整整四分之一个世纪。我们这一代人在这样残酷的环境中成长，从此对政治退避三舍：权力对我们而言仍然意味着死尸和酷刑。

战争在大学里继续

拉图尔：但这段历史时期属于一整代人。现在让我们更具体地谈一谈您自己的成长。您参加了数学预科班，在1947年进入大学，被海军高等专科学校录取，然后在1949年退学，同年完成数学本科学业。您又上了巴黎高等师范学院的预科班，然后在1952年进入巴黎高师，1955年通过哲学教师资格考试。可以说在十年多的时间里，您接受了最好的教育。

塞尔：最好的，但也是最坏的。1947 年到 1960 年的战后知识分子圈以自己的方式对那个时代的众多事件做出反应，并形成了法国知识分子有史以来最为可怕的一个小社会。我不知道现在该怎么说，我从不知道什么是自由。巴黎高师和其他地方一样，到处是恐怖：一些有权势的团体甚至自立法庭，被告被传唤到法官们面前，听凭他们宣布的对所谓“不法观点”的指控，即思想罪：一支突击队会把学生从宿舍里揪出来，拉去听审。哲学教师常常就是大学里的暴君。我记忆中的巴黎高师，其可怕程度不亚于 1936 年把西班牙难民赶到法国西南部的西班牙战争、1939 年的纳粹闪电战、集中营或在我们土地上为解放而进行的惨烈战争。

拉图尔：我那时还太小，没有经历过这些事情。我比您小一代人。但是在巴黎占据主流地位的思潮不仅仅只有马克思主义吧?

塞尔：几乎如此。我宁愿忘记知识分子圈，也不愿意去仔细谈论它。我不是说学术内容，而是学术环境。那里弥漫着一种恐怖气息：我还可以告诉您那时候的个体生活有多么卑微。

所以，可以说继历史事件之后，我又被学术圈“烫伤”了。

拉图尔：我理解，您必须逃离。

塞尔：后来出现了一个机会，扭转了我的不幸，或许也可以说扭转了我的运气。生命和时间里的种种机缘巧合都是如此吧。在巴黎高师里，我处在文科和科学之间，所以我感到孤独，但同时又能享受到某种平静。我一开始研究科学史和认识论是为了过得清静些。这些学科成为我逃离可怕政治的避风港。

拉图尔：也许是摆脱当时的种种争论。

塞尔：可能吧，我对这些"类科学"的学科并不是很感兴趣，但它们为我提供了避世的空间，因为没有人冒险涉足其中。

拉图尔：因为至少在这些学科里面没有人争来吵去。

塞尔：不，后来也有，和其他地方一样。但当时没有人参与。我完完全全就是孤身一人。您能想象吗？我可以完全摆脱名校体制的束缚，采取自学的方式。

拉图尔：说到科学，我希望您说明一下。您接受了科学教育，能不能具体说一下是怎样的教育？1947年到1949年间，您在海军学校读书。

塞尔：是的。

拉图尔：但您后来离开了海军学校，数年之后您又离开了科学。

塞尔：并非完全离开。我离开科学是为了学习哲学，数学和哲学有着直接的关系。而我离开海军学校则是出于对战争和暴力的某种情绪，算是良心上的反战[①]。从那个时候开始，我的一些想法确实发生了变化。

拉图尔：可是您之前进了海军学校。您还没有说原因，是出于尚武精神吗？

塞尔：不，是因为一些十分重要的私人原因：我的父亲在加龙河[②]上当船员，淘沙子，碎石头。所以作为一个内河船员的儿子，我自然应该成为海员，就像大江大河在入海口注入大海一样，还有什么比这更自然的事吗？我从小就学做一些和水相关的活儿，我生于水上，我的家庭以水为生。据说1930年发大水的时候，我母亲怀着我，从我们家的二楼坐船逃生。所以我在出生前就在水上航行过，不仅仅是指在母亲的羊水里啊！后来我进了海军学校，学费全免。所以这是因为家族传统，也是为了节省开支。

拉图尔：后来呢？

塞尔：我之所以退学是因为我不想学怎么开炮或发射鱼雷。暴力在那个时候就已经存在，并在我的整个一生中如影随形，成为最为重要的一个问题。我继

---

① objection de conscience，指因良心或信仰的原因拒绝服兵役，反对杀生。

② 加龙河(la Garonne)，位于欧洲西南部，穿越法国和西班牙，是法国五大河流之一。加龙河流经塞尔的出生地法国西南部新阿基坦大区洛特－加龙省阿让市(Agen)。

续数学的本科学习。那几年里,我有幸聆听了一些伟大的代数或分析数学老师的课。您知道,这些老师随手一写就能让你把张量或结构听得明明白白。在我心里,他们的风格已臻化境,既有严谨的真理,又不乏美感:他们的证明快速而优雅,有时甚至疾如闪电;他们不屑于慢条斯理的平庸,对抄作业和机械重复的现象会发脾气,他们只对创造力不吝赞美。后来,1952年我进了巴黎高师,从数学跳到了文科。我现在又回到了高师。我的兴趣点和我接受的科学教育决定了我不可能走某条中间路线。当时的热门学科还不是科学,所以我总是一个人,没有可以说话的伴儿,我也习惯了。

布伦士维格[①]的学科消失了,卡瓦耶斯[②]在抵抗运动中牺牲。我那时候去过英国,读过罗素和维特根斯坦的书。如果我记得没错的话,那是在 1953 年。我是第一批做数理逻辑的人,不久之后也是第一个在大学里教数理逻辑的老师,其实在当时大学的哲学系里还没有当代逻辑学的教学计划。所以我总是这样,

---

① 莱昂·布伦士维格(Léon Brunschvicg,1869—1944),法国唯心主义哲学家。

② 让·卡瓦耶斯(Jean Cavaillès,1903—1944),法国哲学家、逻辑学家,擅长数学哲学和科学哲学,是法国历史认识论传统的代表人物之一。他还是第二次世界大战期间法国抵抗运动的主要领导者之一,1944 年被盖世太保抓捕,后被枪杀。

既幸运又不幸，既清净又孤独。除了少数几个数学家之外，没有人关心这个学科。

拉图尔：所以您本可以成为把数理逻辑和语言哲学引入法国的重要学者。若您果真如此，应该也是一件有趣的事。就像莱布尼兹说的，其他许多个可能世界里的塞尔。

塞尔：是的，确实可以这么设想。在 20 世纪 50、60 年代，学术环境似乎决定了个体。马克思主义占主导地位，大获成功，成为皇家大道，这是第一条“学术高速路”。而第二条高速路也同样根基稳固，那便是由萨特和他的门徒开设的学问，此外还有梅洛－庞蒂。简单地说，这条大道是现象学。现象学发展并走向更为精确的胡塞尔现象学，当时已经有相当不错的胡塞尔作品的法译本，此外还能看到当时已经享誉世界的海德格尔的作品。在 20 世纪 50 年代的巴黎高师，这些作为显学的“高速路”已经预示了哪些人、哪些学说即将出现。

拉图尔：我非常理解您为什么没有学习马克思主义，但是现象学呢？您也没有研究过吗？

塞尔：总的说来非常少。我对胡塞尔早期的数学研究，例如他的《逻辑研究》很感兴趣。但我很快放弃了，因为研究的技术难度和成果产出不成正比。

拉图尔：所以您在当时已经对主流有所抵制？

塞尔：是的，后来我再读这些作品，依然是这个反应。当时的人要么选马克思主义，要么选现象学。

拉图尔：难道就没有第三条学术高速路吗？

塞尔：实际上有四条高速路。沿着第三条路诞生或说发展出了人文科学，或说社会科学：社会学、精神分析学和民族学等。

拉图尔：您认为的第四条道路呢？

塞尔：第四条道路就是认识论，但是当时没有人走。

拉图尔：可是法国有着悠久的认识论传统啊。

塞尔：法国的认识论，我是指迪昂①、庞加莱②、梅尔森③和卡瓦耶斯的遗产，这些几乎已经被抛弃了。我其实挺想研究卡瓦耶斯，尽管他的思想有两个含糊之处，其一是因为他的数学掌握得不大好，其二是他的现象学晦涩不清，遮盖了第一个问题。不过，我倒

---

① 皮埃尔·迪昂（Pierre Duhem，1861—1912），法国物理学家、科学史和科学哲学家，主要以其在热力学领域的工作、对实验非充分决定性的科学哲学探讨以及对欧洲中世纪科学史的史学研究而知名。

② 亨利·庞加莱（Jules Henri Poincaré，1854—1912），法国数学家、天体力学家、数学物理学家、科学哲学家。他的研究涉及数论、代数学、几何学、拓扑学、天体力学、数学物理、多复变函数论、科学哲学等许多领域。

③ 埃米尔·梅尔森（Émile Meyerson，1859—1933），波兰裔法国认识论学者、化学家、科学哲学家，反对实证主义，提出了一种基于“一致性”原则之上的现实主义认识论。

是觉得洛特曼[①]的认识论不错。他的学说虽然在当时并不流行,因为他没有研究过胡塞尔,但他是个优秀的认识论学者,对于各种数学问题的要点的理解和掌握程度要比别人好。

当人们从英语世界引进认识论后,包括从维特根斯坦到蒯因以及后来的其他一些人的思想,法国的认识论传统就愈加荒废了。这就是第四条高速路。您看,这一切清清楚楚。

自学?

拉图尔:我想请您说得更清楚些,我想了解您喜爱哪些老师,以及他们对您的影响。您必须得聊聊这些才可以让我们明白您在写作的时候究竟是在和谁对话?

塞尔:我追随过的当代思想家吗?可惜,一个都没有。从科学的角度看,马克思主义因为一些轰动事件,声望受到影响,例如李森科事件[②]:我们这一届的

---

① 阿尔贝·洛特曼(Albert Lautman,1908—1944),法国数学哲学家,1944 年 8 月 1 日在法国城市图卢兹被纳粹当局枪杀。

② 李森科(1898—1976),苏联生物学家、伪科学家,坚持生物获得性遗传,反对基因遗传学,并使用政治迫害的手段打击学术上的反对者,使他的学说成了苏联生物遗传学的主流。直至 1964 年赫鲁晓夫下台后,苏联生物界才得以清除李森科的学说。

一个理科生在得知这一场所谓农业新科技的闹剧后就自杀了。在当时,教授认识论的是一些对科学知之甚少或知识储备过于陈旧的人。我刚刚离开科学,为什么还要参与进去。这里面的人高谈阔论认识论,其实连自己都弄不明白。在我看来,他们的认识论就是发表空论。所以无论是出于个人兴趣还是研究成本,我都对认识论不感兴趣。

拉图尔:您是指研究产出……

塞尔:难度极高,收效甚微,何必呢?最后,社会科学似乎带给我的更多是信息,而非知识,所以我完全失去了方向,这就是为什么最后我一个导师都找不到。

拉图尔:我明白,但请允许我问一句,"找不到导师"是否仅仅是一种比喻?

塞尔:不!哎,是真的没有导师,没有愿意接收我的学校,也没有研究团队。我重申一遍:我进入过最好的学校,但到头来只能靠自学。不过必须得说一句,巴黎高师有个不为人知的优点,那就是可以培养独立的人,因为它愿意给拒绝学术大道的旅客提供一方栖身之地。我们知道,走上学术大道才能走得更远,但同时人对自由和自立的热切渴望也不容忽视。

拉图尔:不管怎样,您本可以在这些学术思潮中选择一二,学有所成。

塞尔:我拿到了数学的本科学位。从某种意义上说，我已经走在一条大路上。而我改变方向，转换道路，从科学转到文科，并不是为了从一条学术大道换到另一条学术大道。

三场科学革命

拉图尔：在您为我们解释这次重大转变之前，我想好好了解您在科学这里学到了什么，因为您好像并没有像巴什拉[①]或康吉莱姆[②]这些认识论学者那样在思想中保留很多的科学内容。

塞尔：在我的求学路上有一场奇妙的缘分：我的本科毕业论文是由巴什拉指导的，内容是关于布尔巴基学派[③]的代数方法和此前的传统数学之间的差别。1953 年到 1954 年间，我研究了结构概念，如代数和拓扑学所使用的结构概念。现代数学很大程度上借助于这一概念从传统数学中挣脱出来。我在当时觉

---

① 加斯东·巴什拉（Gaston Bachelard，1884—1962），法国哲学家、科学家、诗人，致力于诗学和科学哲学的研究，引入了“认识论障碍”和“认识论决裂”等概念，其思想影响了福柯、阿尔都塞、德里达等后来的哲学家。

② 乔治·康吉莱姆（Georges Canguilhem，1904—1995），法国哲学家，致力于认识论和科学哲学的研究，是法国历史认识论传统的代表人物之一。

③ 布尔巴基学派是由一些法国数学家所组成的数学结构主义团体，形成于 20 世纪 30 年代，以结构主义观点从事数学分析，认为数学就是关于结构的科学。

得这是一个非常有意思、值得厘清的问题。从某种意义上说，这已经是在数学上清晰定义的结构主义，而我想在哲学中重新定义它。这相对于后来结构主义在人文科学中炙手可热要早了整整十年。

拉图尔：所以这就是您最早受到的科学教育？

塞尔：当然是。这让我惊喜不已，因为它让我看到了翻天覆地的变化，整个世界深层次的变革，这是我的第一次科学和思想革命。这次非比寻常的震撼影响了我的一生！我在进入巴黎高师之前学习的代数和分析数学都属于传统数学，而传统数学又以某种方式和正在没落的17世纪，尤其是18世纪数学一脉相承。一些和我同龄或同一届的科学家让我受到了再教育，是字面意义上的“再教育”。他们是代数学上的结构主义者，也就是优秀的结构主义者。他们教会了我现代数学的知识：结构概念、现代代数、拓扑学，总之是布尔巴基学派研讨会上的内容。

请您想想我的这段经历：我来自历史，从一个已经几乎远去的旧时代中走来，穿着老式的花边襟饰衣服，然后踏入一座宫殿。然而与此同时，人们其实正在修建新式的建筑。真的，我无法形容我受到的震撼，只有小时候左撇子的我被老师逼着用右手写字时的感觉才可以比拟，谢天谢地：我发现了一个令我目眩的新世界。

这一次转变、这一次大跨度提升对我来说具有决定意义。尽管后来当我重新回顾传统数学时，我对它充满了更深的敬意。

拉图尔：所以真正造就你的是数学学科的这场危机，是吗?

塞尔：危机或革新，更或者说是重生。因为在此期间，认识论的思潮，不管是国外引进的还是法国本土的，都没有真正回应科学领域内的革新，即方法上的革命。由战前的现代代数和拓扑学发展出来的结构主义还没有用哲学的语言来表达。

拉图尔：似乎也没有出现在数学教学中?

塞尔：不，数学教育已经焕然一新了，但当时的认识论学者还钻在已经过时的知识里。

拉图尔：您是跟着巴什拉做的毕业论文。他们在当时似乎对您寄予厚望。

塞尔：是的，我把论文提交给巴什拉。但是我个人认为，当时炙手可热的"新科学精神"①其实已经在科学上严重落伍了，因为他在数学上参考的是不算很新的非欧几何，他没有谈论代数、拓扑学或集合论；同样在物理学上，他既没有对信息论说过只言片语，也没有听到广岛核弹的声音；在逻辑学和其他学科上同样如此。在我看来，他所树立的科学典范并不是当代

---

① 《新科学精神》是巴什拉1934年出版的著作。巴什拉在书中对"科学革命"的概念进行了理论定义，提出无方法之革新便无科学精神的进步。

的，所以所谓的新精神在我看来也已经老了。因此这个学科也不适合我。

拉图尔：所以在您看来，数学研究的前沿才是至关重要的？

塞尔：我重申一遍，真正让我受到教育的是我见证或几乎是参与了数学这一基础学科的深层次变化。从此以后，我对其他领域内的相似变革就变得极度敏感。因此我后来特别关注布里渊[1]的作品以及物理学的信息论，再后来我又关注和湍流、逾渗、无序、混沌相关的问题。我觉得这些关于思维变化的重要问题和代数方法的革命一样重要。物理学发生着变化，揭示出一个全新的外部世界。在分形曲线[2]和奇异吸引子[3]之后，我们感受到的风不再是原来的风，看到的波浪和河岸也不是原来的波浪和河岸。

很快，类似的革命风暴同样发生在生命科学中。那些即将成为生物化学家的人很快就明白了在信息

---

① 莱昂·布里渊（Léon Nicolas Brillouin，1889—1969），法国物理学家，研究领域包括量子力学、大气中无线电波传递、固态物理和信息论。

② 分形，指一个粗糙或零碎的几何形状，可以分成数个部分，且每一部分都（至少近似地）是整体缩小后的形状，即具有自相似性。

③ 奇异吸引子，又称混沌吸引子，具有复杂的拉伸、扭曲的结构。奇异吸引子是系统总体稳定性和局部不稳定性共同作用的产物，它具有自相似性，具有分形结构。著名例子有与大气对流相关的洛伦茨吸引子。

论之后，生物学即将迎来属于它的革命。这场革命来自薛定谔在《生命是什么》[1]中提出的问题以及法国的莫诺和雅各布的新发现[2]，而当时在学校里教授的生物认识论根本不涉及这些内容。

拉图尔：是的，是细胞和反射弧对吗？

塞尔：还有其他一些知识，当然它们仍然是值得尊敬的学问。在不知道未来将何去何从时，知道或记住这些知识至少可以为将来作准备，但此时这些知识一下子变得过时了。

这一次，认识论者还是没有跟上发展的步伐。

拉图尔：所以您虽然没有导师，但有教会您东西的人，也就是那些在哲学尚未革新之际已经投身于科学革命的同学们，是吗？

塞尔：是的。总而言之，我在三次革命中成长：首先是数学的转变，从微积分和几何转型到代数和拓扑学的结构。这是我的第一所“学校”，我在两代数学知识之间变更道路。这一次革命赋予了我们全新的思维。第二次革命是物理学的，我学过经典物理学，突

---

① 《生命是什么》(全称为《生命是什么——生物细胞的物理学见解》)是奥地利物理学家埃尔温·薛定谔 1944 年出版的生物学著作。

② 雅克·莫诺(Jacques Lucien Monod，1910—1976)和弗朗索瓦·雅克布(François Jacob，1920—2013)两人都是法国生物学家，共同发现了蛋白质在转录作用中所扮演的调节角色，也就是后来著名的乳糖操纵组，两人因此与安德列·利沃夫(André Lwoff)共同获得了 1965 年的诺贝尔医学奖。

然一下子看到了量子力学，尤其是信息论，这一次革命让我看到了一个崭新的世界。

拉图尔：这些都是在学校里和实践中学到的？

塞尔：是的，还有后来在其他地方。1959 年，我的一个同学借给了我一本布里渊刚出版的《科学和信息论》。我知道这本书是真正的物理哲学，既是真正的物理，又是哲学，有点像热力学，其实它确实产生于热力学。

第三次革命发生在后来，是因为我结识了雅克·莫诺，并和他成了好友。他是个了不起的朋友，教给我当代生物化学。我和他走得很近，他还趁出版前让我读了他的《偶然性和必然性》[①]。这是我的第三所"学校"，这一次革命给我带来了全新的生命。但这是很久以后的事。我的哲学老师们直到 60 年代末还在因为蹩脚的意识形态原因批判莫诺，你可以看到这有多落后。

拉图尔：这三场革命中没有任何一场被书写进认识论……

塞尔：据我所知，没有。

拉图尔：而且认识论也没有记录您在访谈一开始提到的那个时代的暴力，对吗？

---

① 书名全称《偶然性和必然性：略论现代生物学的自然哲学》，是雅克·莫诺 1970 年出版的一部自然哲学论著。

塞尔:没有。所以我受到的教育游离于所有一般的教学计划之外,也不在人们通常在报纸上所说的主流思想云集的社会圈子之内。说是憾事,也可能是幸事,谁知道呢?我的生活和工作都在大部分同龄人成长的圈子之外。

我因此养成了一个习惯,可能您会觉得有些奇怪,那就是我的哲学也是在最负盛誉的哲学课堂之外学到的。我所学的一切都是在外部,几乎无一在内部。是的,准确地说:皆源于外,无一在内。

拉图尔:所以这都是因为学术环境和科学危机。我明白了您为什么对于科学的社会历史研究持有很大的怀疑态度。从当时的学术圈看,我们没有发现对您产生影响的人和事。

塞尔:确实,几乎没有。说实话,除非您细致考察当时发生的变化。您所谓的学术圈是什么?您说是"学术环境":我横跨了文科和科学。一方面是人人必选的几条学院派学术大道,而另一方面是不断发生的科学革命,可以说每一次革命我都在场,是见证人,也是参与者。

这就像在我眼前闪现出两方对比强烈的风景,让我惊得失去平衡。我的一只脚踩在一方岿然不动的哲学大地上,自战前以来纹丝未动;另一只脚则踩在一条变速转动的传动带上!怎么可能不摔个头破血流?我的第一篇论文对当代数学的变革作出了回应,就是之前提到的在1953—1954年间写成的关于代数和拓扑学的结构的论文，后来在我的很多书里可以看到针对信息论的回应，以及后来还有对生物化学的回应。

拉图尔：这就是那个重大转向？

塞尔：转向发生在战后，我确信。

拉图尔：如果我继续想象另一个存在于可能世界里的塞尔，那个您可能会说："在文科里没什么可做的了，就让我们来分析这几场科学革命吧。"您可能会把哲学留给暴力和它既定的发展道路，不管不问了。

塞尔：是的，正如您所说有这种可能。但是当时我感兴趣的，以及到现在还最感兴趣的依然是哲学。

60年代时，我发表了一篇关于认识论的应景小文章《古今之争》[①]，并做出总结，这一结论适用于我一生：评论通常冗长，且逊于评论对象。此后，我对评论再也提不起兴趣。这篇文章出现在《赫尔墨斯I交流》一书的开头。我在文中对爱德华·勒·罗伊[②]的一本关于传统数学的书进行了评论，并回到了我本科论文的结论。我认为，要么科学自身发展出内在的认

---

① 论文原题为《数学和认识论的古今之争》，1963年发表于《批评》(*Critique*)期刊，后收录于《赫尔墨斯I交流》一书第一部分第一章。

② 爱德华·勒·罗伊(Édouard Le Roy，1870—1954)，法国哲学家，1921年接替柏格森任教法兰西公学院，1945年入选法兰西学院。

识论，如此一来，它便是科学，而非认识论；要么认识论就是独立于科学之外的一个解读，如此一来，说得好听它是冗长无用的解读，说得不好听，它就是评论，甚至是广告。

原因何在？因为我激动地见证的那些革命或变革大多来自一种内部沉思，是对科学的真正的哲学思考。在这一思考中，科学仍然被视作从前的状态：换言之，真正的认识论是创造的艺术，是新旧更替的动力。

从那时起，我彻底断绝了评论这三场革命的念头。正如您所说，我本可以研究认识论，做一个结构革命、信息革命和生物革命的评述者，可这和报纸专栏作家有什么区别？

拉图尔：所以您本可以写一本新的《新科学精神》是吗？

塞尔：是的，我在人生某个时刻差点选择了这条路，但哲学家的工作不应该有别于报道和评述时事的专栏作家吗？

拉图尔：可您也本可以立志仅仅投身科学啊。

塞尔：我做过，后来离开了。

拉图尔：我的意思是您本来可以放弃哲学，重拾数学，并继续走下去。

塞尔：还是这句话，我告别科学走向哲学是因为一些特别明确的原因：我愿意，我需要，因此我留了下来。

广岛，从科学到文科

拉图尔：请原谅我，但我们还没有细说其中的缘由呢。您刚才谈论了文科，但是还不足以让我们明白您选择它并留下来的原因。无论是在科学还是在文科中，有什么东西让您避之不及呢？

塞尔：决定从理科转到文科既是收获，也是一次彻底的损失。这次转变和我1949年离开海军学校有关，也和我对数学的浓厚兴趣有关。数学促使我很快开始追问起一些特别哲学的问题。

拉图尔：在1950年之后科学领域中发生了一些事迫使您不得不离开吗？

塞尔：当然，一件大事、一场革命。这场革命和上述三次革命完全不在同一个级别。它发生于同一时期，介于科学和社会、知识和道德之间。而我从海军学校退学只是这一事件引发的一个不起眼的个人事件。原子弹爆炸之后，我们迫切需要重新思考科学乐观主义。

我希望我所有的读者在我的作品的每一页里都听到爆炸的声响。广岛是我的哲学的唯一主题。让我们回到访谈的最初，我们刚才说过的当代的耶利米，他哀叹的不是个人的点滴不幸，而是被历史悲剧所记载的普世境遇:个人,何足轻重?是的,所有的科学都在一个接着一个发生变化,但更重要的是,它们与世界、与人之间的关系也在发生着深刻的变化。

拉图尔:除了前面我们刚刚谈过的内部变化,现在您能解释一下这种外在变化吗?

塞尔:让我们回到刚才所说的,联系一下成长经历和历史境遇。我属于对唯科学主义持质疑态度的一代人。在那个时代研究物理的人不可能对响彻世界的广岛爆炸声无动于衷。然而,传统认识论依然没有关注科学和暴力之间的关系,仿佛“证明工作者”①之城里住满了天真勤劳、谨小慎微的孩子,他们天性纯良,无心政治或战争,可他们不就生活在筹划原子弹的曼哈顿计划的时代里吗?

拉图尔:可据您刚才所说,这也正是科学家热情最高涨的时代。

塞尔:绝对是,又绝对不是。用今天的话说“大科学”(Big Science)②从那个时代开始了飞速发展。可

---

① 巴什拉语。巴什拉在1949年出版的《应用理性主义》一书中提出科学工作者是“科学之城”的“公民”,跨学科的科学工作者构成了一个联合体,即“证明工作者之联合体”(union des travailleurs de la preuve)。

② “大科学”概念是科学家和科学史学家用于指称自“二战”以来在工业发达国家出现并发展起来的科学发展模式,即科学进步越来越依赖于大型科研计划,通常由单一国家或数个国家共同出资,由大批科学家进行跨学科的国际合作。

是从战前开始，一些物理学家就因为害怕原子弹引发的后果而告别了科学。您可能知道埃托雷·马约拉纳[①]的故事。他是出生于西西里岛的意大利原子物理学家。夏夏[②]曾经写过关于他失踪之谜的书，说他宁愿放弃一切也不愿意在这条路上走下去。我的意思是，综合分析，他离开物理，就像我离开了科学和海军学校。

拉图尔：他是否对您产生过直接影响？

塞尔：没有。人生不是小说，我们互不相识，但却做了同样的事情，好像被一只无形的手在牵引着。

拉图尔：所以您放弃认识论和您放弃科学是出于同样的原因，而您离开科学和您从海军学院退学也是出于同一个原因。

塞尔：某种程度上是的。前面的三场革命与方法相关，而最后一场革命与道德、社会政治和哲学相关。科学自伽利略以来，自诞生之日起，也许总是以善的一面示人，它是技术，是良药，一直救助世人，助人劳作，改善体质，传播理性，带来启蒙，但现在它却第一次暴露出道德的另一面，提出了现实的问题。

---

① 埃托雷·马约拉纳(Ettore Majorana,1906—?)，意大利理论物理学家，在微中子质量方面做了先驱研究。1938 年 3 月离奇消失，下落不明。

② 列昂纳多·夏夏(Leonardo Sciascia,1921—1989)，意大利作家、文论家、政治家。1975 年在意大利出版《马约拉纳失踪案》一书。

数年之后，雅克·莫诺在去世前曾经对我说过一些话，我的论文里忠实地记录了这些话。在谈到另一门科学时，他说："我一直嘲笑物理学家的良心，因为我曾经是巴斯德学院的生物学家。我满怀善心，发明和制作新药，但物理学家却用武器传播暴力和战争。然而现在我却清楚地意识到，如果没有我们的干预，第三世界的人口浪潮不会形成，所以我制造的问题不亚于物理学家的原子弹，人口爆炸甚至可能更危险。"莫诺曾经认为道德的本质是知识，可是他自己都在临终时提出了科学的责任问题。

1940 年到 1960 年间，在科学力量高涨的年代里，越来越多的此类质疑被同时提出，然而科学哲学的书里对此却没有只言片语。

拉图尔：您的这次转向是根本的，但它最初是否只是出于冲动？

塞尔：从科学到哲学的转向发生在我二十几岁的时候，这次转变有些盲目，但随着时间流逝，转变的原因变得越来越强烈、清晰和自觉。

拉图尔：科学学科里的教师是否经历过这种良心危机呢？

塞尔：当然。大约在 50 年代，一些比我年长的同事（我说得出他们的名字）停止了原子物理的研究。出于良心，他们转向其他一些不那么尖端的学科。

因此在学术上，我接受的教育来自科学本身的内部革命,而在哲学上则来自科学与暴力之间的内部和外部关系。后者直至今天依然在我的生活和学术研究中占主导地位。

拉图尔:但当您转向文科或说人文科学的时候……

塞尔:我找不到任何在探讨这些问题的人和事。

西蒙娜·薇依[1],思考暴力的哲学家

拉图尔:真的没有人吗?

塞尔:有。我读过西蒙娜·薇依的书。这是第一个真正从多维度谈论暴力的哲学家,包括人类学、政治学、宗教,甚至科学等各个方面。我没有一本书不是在谈论暴力,其中当然有历史和学术的原因,而同时也是因为这位杰出的女性曾经第一次集中论述过它。她的书一出版我就读过。

拉图尔:您所受的宗教教育是您最近的作品中愈发重要的一条线索,同时对您的成长历程也非常重要。

塞尔:在这个问题上,是西蒙娜·薇依塑造了我。

拉图尔:有哪些中介因素带领您走入宗教问题?

---

① 西蒙娜·薇依(Simone Weil,1909—1943),法国犹太人、神秘主义者、宗教思想家和社会活动家,深刻地影响了战后的欧洲思潮。

塞尔：我是一个学数学的，我不知道《重负与神恩》[①]是怎么到我桌子上的。我从海军学校退学，离开科学投身哲学在很大程度上就是因为这本书。薇依在其他的作品中讨论过科学和社会之间的关系。是的，她是唯一一个真正影响过我的哲学家，即您所说的那种影响。

拉图尔：您的父亲皈依了天主教。

塞尔：是的，那是在很久以前，在凡尔登的炮火中。他出生在一个无神论家庭里，保留了法国西南部的反教权传统。对了，我父亲的名字叫瓦尔米(Valmy)[②]。他 17 岁时入伍参加"一战"。战争的经历让他走近宗教，他带着皈依者的虔诚参加教会仪式。

拉图尔：那您呢？

塞尔：我的家里只有福音书。

---

① 在薇依去世四年后，薇依的朋友、著名宗教学家梯蓬从她大量的手稿、言谈记录中整理成书，即后来的《重负与神恩》。

② 瓦尔米同时也是法国历史上著名的瓦尔米战役发生地，位于法国大东部大区马恩省。1792 年 9 月 20 日，法国革命军在此击败奥普联军。

拉图尔:说说您的成长,比如您加入公教进行会[①]了吗? 这是另一个反马克思主义思想的运动,对很多知识分子都产生了非常重要的影响。

塞尔:面对这样一个有些黑暗和暴力的年代,只有少部分人能立身正直,您应该看看这些人从哪里来。您会想知道当某个意识形态——即便我们不把它称为某种根基隐秘的宗教——走入歧途并引发罪恶时,有什么可以帮助人们避祸。

拉图尔:那您呢? 您参与了这些运动吗?

塞尔:很少。您可能想问的是社会、学术和政治对我的影响,可您碰到的是一位孤独而迷茫的外省人。我住在离巴黎一千公里之外的乡下,我在《超脱》(*Détachement*)一书中说过乡下人不懂历史。是的,我曾经认识、现在也还经常见到一些游离于历史之外的地方和人,或者说他们很少与巴黎知识分子意义上的历史搭边。所以当我听到您提出"影响"的问题时会很惊讶。我童年时住在加龙河中游的凯尔西[②],村

---

① 公教进行会(Action catholique),天主教在俗教友团体,简称公进会。1868年教皇国行将解体前夕,教皇庇护九世号召意大利天主教徒组织起来,采取"行动"保护教会,时称"天主教行动"。该组织规定在俗教徒维护宗教伦理与原则,举办社会福利事业,在家庭及社会生活中建立遵照天主教教义的精神准则。该组织活跃于一些传统上的天主教国家,例如西班牙、意大利、法国和比利时等。第二次世界大战后,影响逐渐衰退。

② 凯尔西(Quercy),法国旧省名,位于法国西南部。

里人和佃农从来没有参与过历史，他们完全没有兴趣去理解历史。他们与历史遭遇的机会仅仅是让他们无比厌恶的征兵季和兵役。

我绝不会将其归因于隐没在这个地区却现实存在的卡特里派传统。是的，要是我的父亲还活着他可能就会这么说，因为他就是这么想的，他相信社会就是掌握在恶的力量手上。我脑海中的某一个部分也会不可抑制地这么认为，仿佛它确定无疑，无可辩驳，并将贯穿我的一生：我们的社会认知越是往上走一级，我们就越接近邪恶的力量。

当然，我身边的朋友们会看杂志，我们互相传阅。也许我正是在《精神》[①]杂志上认识了西蒙娜·薇依以及对广岛原子弹和战争最早在哲学上的回响。

但是推动我的还有我自身的一种强烈的执念——“不要成为某某的一分子”。因为成为某团体的一分子总让我感觉需要排除和杀死不属于这个团体的东西。我对附从力比多（libido d'appartenance）有一种近乎生理上的排斥反应。您会发现极少有人这样分析附从力比多，因为它支持了所有的雄心壮志，酝酿了最为广泛接受的伦理道德。

最后我必须说，人上了一定年纪以后，对于成长

---

① 法国思想评论类期刊，由埃马努埃尔·穆尼埃（Emmanuel Mounier）创立于1932年。

的问题已经不那么关注了，尤其当我们已经成长为自我之“父”时，我们可以持续地给予自身最终和最具决定性的教育：只有懒虫和病人才会依赖于最初的教育，恋恋难舍。

拉图尔：我没有和您一样经历过暴力，但我想我明白您的意思。

塞尔：我在总结那几年的经历时，唯一学会的就是拒绝服从。在14岁到30岁之间，我身边发生的所有事件唯一留给我的就是拒绝服从的味道。在我的印象中，我在大学念书的时候战争还没有结束，德国依然占领着法国半壁江山，人们必须抵抗，参加游击队，对所谓通行的真理说“不”。这些真理对很多人的人生产生了影响，或者像报纸上所说的，主导了那个时代的主流思想。这很可怕，也很悲哀，但也可能是一个机遇：我进入最优秀的名校读书、做研究，最后学到的只有反抗：这算是浪费时间，还是赢得时间，谁又能说得准呢？

拉图尔：所以您必须独自寻求出路？

塞尔：从某个时候开始，我决定依靠我自己的力量，不管这个怪念头会让我付出怎样的代价。我当时不敢保证自己的决定是否正确，因为只有学术大道上流通的思想才是合法的。但是我别无他法：我要独自找寻。我本身并没有很多资源，但是只要我努力，我就能去我想去的地方，因为至少我是自由的。

不知道您有没有注意到，自由思考是多么难能可贵？即便是哲学家，他们也在评论作品时赞美思想之自由。这种性格可能会让您吃惊：一开始是战争，随后是论战，我经历其间，受到的创伤让我几乎形成了本能的反应：在遥远的地方搭个帐篷，哪怕是人迹罕至的沙漠也好，因为我别无去处。

您在乡下散过步吗？乡下房子里有看门狗，而且通常是很凶的狗，靠近不得。我对这些动物怕得很，可我的同龄人好像爱它们胜过爱自己的孩子。您不得不避开寻常道路，另辟蹊径，避开獠牙和犬吠。那些从外部看你走路的人很难理解您从哪里来，去往哪里，途经了哪些地方，因为您一直在换方向。但是如果他们看到狗，听到狗叫声就很容易理解了。

当我们没有归属之地，希望不惜一切代价避开对某个群体的归属时，当我们居无定所、无处安身时，我们就不得不开启新的道路。我的一生都有在沙漠中流浪或在远海上漂流的悲怆感。在坏天气里迷航的时候，我们就得马上造一个筏子或一艘船、一艘方舟，甚至是建一个稳固坚实的岛，再配备上工具和物资，建个避风屋，再安置上更多的人……哲学不就是这么一套“治理”措施吗？然后自有愿者上岛。

从哲学到人文学

拉图尔:正如您所说，您自立门户，但有一个新的因素您还没有说到，那就是文学。您不仅仅是从科学跨到哲学，您还从哲学跳过认识论和哲学史，进入文学。

塞尔:确实我们要说说哲学史,它在法国的研究中非常重要。人们常说,认识柏拉图、康德、黑格尔、胡塞尔和其他哲学家是很要紧的事。我同意,必须仔细学习他们的思想才能了解他们。但是教学的目的是停止教学,重复的目的是摆脱重复,抄写的目的是不再抄写。

所以,除了让我们知道不要再去做别人已经给出的工作,哲学史没有任何价值,尤其是对教育而言。我做了很多关于莱布尼茨、笛卡尔、卢克莱修[①]、尼采和康德的研究,出版了很多作品……我相信我已经获得独立思考的自由。

拉图尔:您对自由思考的问题一直没有说清楚，您博览群书，但您思考起来却当它们全然不在。

---

① 提图斯·卢克莱修·卡鲁斯(Titus Lucretius Carus,前98—前55),罗马共和国末期的诗人和哲学家,以哲理长诗《物性论》著称于世。塞尔1977年在巴黎午夜出版社出版《卢克莱修作品中物理学的诞生》一书,专门论述卢克莱修和当代物理学的关系。

塞尔:这是对优秀教育的极好的定义,不管是在哲学上还是其他领域!从了解一切开始,然后忘记一切。

一方面,我们要对“认真”这一品质的弊端进行说明。首先,重复是一件认真的事,但随后它就不应存在,它只存续于学习阶段。哎,可惜啊!当一个人开始独立思考的时候,别人觉得他不认真。对此,我本能地持反对意见:把哲学还原为哲学史虽然是哲学教育必不可少的一环,且大有裨益,但会对独立的哲学思考产生危害。阐释仅仅是哲学的开端。从某种意义上说,不能永远待在学校里,真正的认真只有创造。

拉图尔:但无论如何,您看了很多书,您有很多的引用。

塞尔:写得越多,可看的书就越少,这是个时间问题。我强调,一本真正的哲学书通常和一本学术书不同,后者充斥了引用和脚注。我们平常说“装得很美”,这种书就是“装得很博学”。事实上,它只是在学术圈里挥舞着国书,在对手面前展示它的护胸甲和长矛,制造一个社会假象。有多少哲学被谨小慎微的念头摆布,生怕被批评。它们如同一座防守得固若金汤的城堡。忧虑之国,唯恐惧称王。

我常认为一部作品如果引用的名字越少,那它就写得越好:因为它是赤裸的,不设防的。这不是浅薄,是充满了“第二次天真”,它不汲汲于正确,而是热情洋溢，面向新的直觉。

一篇学术论文的目标是可模仿，而一部言简意赅的作品追求的是不可模仿。

拉图尔：我不同意您的看法，我很喜欢脚注，但我理解您为什么从来不想研究哲学史。

塞尔：一开始是想的，但后来不了，也许最后又会愿意的。在经历过我刚才所说的科学革命之后，我的思想变得焕然一新。在新思想的启发下，我想重读哲学课上教授的整个哲学传统，但我担心会像踩在山脊线上一样摇摇晃晃。所以我必须以一种全新的方式重读大部分哲学经典。这项工程相当庞大，我似乎至今尚未完成。

拉图尔：但您为什么没有小瞧文学呢？既然我们可以想象有另一个塞尔，这个塞尔是一个哲学科学家，甚至钻研一种全新的哲学思想，但他对文化传统和文学从来不感兴趣……

塞尔：我没有办法给出一个合理的答案，这只是个人原因。我一直以来都热爱希腊和罗马的文化。我的哲学思想主要来源于柏拉图和前苏格拉底时代。

拉图尔：这是从什么时候开始的？在巴黎高师，还是一直如此？

塞尔：差不多一直如此，从中学开始，我在性格上偏爱古希腊文化。

这算我的另一个性格特点了，我热爱语言，热爱法语文学。高难度的哲学技巧会让我发笑，或让我哭，但从来不会让我思考：这种技术性毫无用处，啰啰唆唆，并且有害。这种想法并非在今天才有。“二战”刚结束，人们就听说了意向活动—意向对象结构，听说了正题意识或非正题意识，我觉得这些很好笑。在巴黎高师，有一些发言稿从头到尾长满了技术感满满的术语，让我喘不过气来。片刻的恐惧感之后我就会笑出声来。为什么会有这种反应呢？因为我受过科学教育。在数学中，您知道使用某个术语是为了节省时间。所以您说“椭圆”比说“有两个焦点的扁长圆形”要简单得多，快得多。

拉图尔：当然是“椭圆”。

塞尔：正是，在语言上确实如此。但在当时，每次有人要用一个形而上学的术语都是为了说得更多，而不是说得更少；几乎总是为了耗费更多，而不是为了节省更多。那时候，术语豪华地充斥了整个发言，甚至构成了发言本身，成为富丽堂皇的思想寄生虫。可是数学的目标却截然相反，是简洁高效。

此外，在这两种类型的发言中都会产生一种恐惧感。这种恐惧感区分出两类人：使用这些术语——我不说理解它们——的人和不是同一派别的人。超级术语产生恐惧和排斥感。

拉图尔：但人们认为您的风格也很晦涩，同样也有排斥感。

塞尔：我一直尽可能使用日常语言，但我的用词范围更为广泛。通常一个作家如果词汇丰富就会被认为艰涩难懂，因为他要求读者查阅字典，但其实他是通过唤醒语言，赋予语言以生命力。

我认为，在哲学上对普通用词赋予耐心而理性的用法保证了一种开放与和平，等同于一种"世俗化"的理想境界，因为技术语言把学者分隔成团队或派系，彼此论战，视对方为异端。一个世纪以来，法国哲学教育的特殊风格正是来源于这一"世俗化"的理想。而在其他地方，哲学派系之间各自为营。

我经历过战争，各种各样的战争，我热爱和平，追求和平。这在我看来是至关重要的。

拉图尔：您对文学怎么看？

塞尔：我认为，在一定程度上，一个娓娓道来的故事包含的哲理至少不比一段术语华丽的哲学文章要少。

拉图尔：这个看法您是从何而来的？是您自己的观点吗？您的这个特点不完全是法国式的吧？

塞尔：是吗？如果说柏拉图并不排斥女人们的故事[①]、神话和文学，那么蒙田、帕斯卡、莱布尼茨（他的大部分作品都是用法语写的），还有狄德罗，这些人也

---

① 参见柏拉图《理想国》第二卷377c。书中提出对儿童进行讲故事教育的人必须进行审查，让奶妈和母亲对孩子们讲出"优秀的故事"。

从未害怕清晰和隐晦并存的文学。

拉图尔：是的，但是至少在您那个年代，他们并不属于您所需要面对的代表性的哲学家。

塞尔：哲学之大成可能就隐含在一个小故事里。这难道不是善用寓言的福音书教会我的吗？

拉图尔：这是在“椭圆”之后又一个很好的比喻。

塞尔：哲学之深奥足以教会我们一个道理：文学比哲学更深奥。

拉图尔：所以从某种程度上说，是您对希腊语的热爱和对福音书的阅读让您明白了这一点。

塞尔：以及还有法语作家们的文学实践。此外，也许我之所以喜爱柏拉图，正是因为他作品里交织着纯粹的数学和牧民的民间故事。这种融合普遍存在于最优秀的哲学家那里。帕斯卡的《思想录》和莱布尼茨的《神正论》里满是小短剧和寓言。黑格尔也是如此。

拉图尔：总之，他们不属于极尽术语之能事的学术圈，对吗？

塞尔：我确实不喜欢术语。我写得越多，年纪越大，就越想抛弃术语，越发力求明晰，甚至在我看来术语是不道德的，因为它阻止了大部分人参与对话。它不是迎接参与者，而是清除他们。它满口谎言，只是为了把通常简单的东西复杂化。它不一定在内容层面撒谎，而是在形式上，更确切地说是利用自己设置的游戏规则。我们总是可以找到一条透明的路径表达某些微妙或超验的东西。如果不行，就让故事来试试！

您有没有发现，在历史上哲学一进高等院校就着迷于术语，一从学校出来就表达简练？因此如今的我们活得更接近于中世纪，而不是启蒙时代的沙龙，这在美国更甚于欧洲。

拉图尔：您总体上认为人文学一直在场，一直是您思想的组成部分……

塞尔：因为它清楚、美。是的，我从未放弃过追求美。美通常是由真发出的光，也几乎是对真的检验。文笔美意味着创造，是经过新风景的标志。

拉图尔：可是您怎么会想到把您学过的科学和文学故事应用于彼此呢？因为我还在想象众多可能存在的塞尔。我看到有一个可能，这个塞尔投身于技术哲学，而只把文学当作一个爱好。您是怎么想到把这两种力量结合起来的？

塞尔：这是另一个问题，是一种"精神分裂"。噢！用大白话说就是：饭桌上和大伙前不说同一番话。

拉图尔：为什么？

塞尔：因为当时政坛上的斗士在私底下和公众前的言论是不一致的，因为他们很清楚东欧国家发生的事。同样的道理，科学理论促进工作，而文学和艺术装点休闲和娱乐。

我们看到了文化分裂的开端,它禁止融合。比如,我们在巴黎高师会听到人们因为一些意识形态的原因批判跨学科研究。我一直不喜欢这种分裂,同样也不喜欢我同时代人普遍推崇的负价值。我在战争和轰炸中长大,经历过恐怖的集中营,比起破坏,我一直更喜欢建设,或更准确地说是构建。我希望在我们之间、在事物和研究主题之间有所关联。这是赫尔墨斯给予我的信仰。但请不要把“建设”一词必然和坚硬的石头联系在一起,我更愿意把它想象成湍流或是波动的网络。

此外,哲学的思考不能离开某种总体性思想。一个哲学家,是的,必须全知全懂、经历一切:硬科学或是软科学,包括它们的历史,但同样还需要知道非科学的东西。他应该是一本包罗万象的百科全书。哲学的含义并不是这门或那门部分性的科学,而应是作为整体之知识的积极总体。哲学家应该是大器晚成的,不像科学家那样年少成名,因为他几乎需要一生的时间厚积薄发,他需要漫长的时间去学习一切,积累万千经历:他须得在世界和社会上行过万里路,了解各地风貌和社会阶层,知晓地球经纬和文化万象。读百科全书,学知识;行走世界,理解生命。从形式逻辑到五种感官,从罗马到寄生虫学……所以,哲学作品应该是这一总体性的见证:它不排斥任何东西,更确切地说，它试图容纳一切。

时候一到，蛋黄酱自然成形[①]：我希望如此，并始终期待。您瞧，我依然保留“流体”的说法！必须经历一切，有哪一位伟大的哲学家可以例外呢？您能举个例子吗？我为什么要排斥文学呢？

拉图尔：您回答了我关于爱好的问题，即您为什么不把人文学当作一种消遣或爱好。

塞尔：是的。只有鄙视它的人才会把它当做安格尔的小提琴[②]。文化和拉小提琴一样，如果一周只有周日练习的话都会技艺生疏。

拉图尔：但从技术角度看，您还是需要在某个时候在数学和故事之间走一条“短路”。没有人帮助您完成这一步，因为根本不存在这样的学术群体。但是在最初的“赫尔墨斯”系列中，我们就发现这条“短路”特别明显。应该是您自己找到的。当然，现在我们知道这可能是一种法国传统，一种哲学传统，但这都是您告诉我们的。但在当时，您是怎样发现的呢？

塞尔：刚才我们追问过，有什么东西可以保护我们远离一切罪恶的意识形态。您相信单纯的科学理性足以让我们过上幸福、有责任和明智的生活吗？有

---

① 法语谚语，意为“水到渠成”。

② “安格尔的小提琴”为欧洲谚语，表示业余爱好。

哪种实证科学、哪种逻辑学、哪种形式抽象可以带领我们思考死亡、爱、他人、历史境遇、暴力、悲伤和苦难？总之这些所有与恶相关的古老问题。如果文化只是人生中的周日消遣，是在博物馆门口的队伍或是音乐会里的掌声，那我情愿把它留给那些附庸风雅的人。不，自从历史的曙光初照，我们称之为人文学的东西便提出了这些问题，并令我们坐立难安。它帮助我们重新思考今天围绕在科学周围以及由科学引发的诸多困惑。

所以，我们需要一种汇集、关联和综合。但现在我们只有"精神分裂"，碎裂的文化和破坏。巴黎高师的建立初衷是为了让科学家接触文学家，彼此丰富思想，可是这里已经发生了分裂。科学家没有文化，文化人对科学一无所知。对分裂文化的喜爱是没落的迹象，反映出理工科学生和文科生各自为政，高效率的工程师和即将被视作"街头艺人"的文科生在社会上渐行渐远。

拉图尔：*所以科学家不懂文学，文学家不懂科学，这让一切哲学思考变得不可能？*

塞尔：您一直问我的成长教育。我以前很担心自己停留在两岸之间的桥上：我参加过数学科和哲学科的两次高中毕业会考，拿到了数学、古典学和哲学的三个本科文凭，为了上理科和文科的两所高校参加了两次选拔性考试，所以我成了一个"混血儿"或是四分之一的“混血儿”，结合了理科生和文科生的特质，把微分方程式引入希腊文本，再反向而行。“混血”正是我理想的文化。白与黑，科学与文学，一神论和多神论，彼此互不嫌恶，和平共处，这是我所希望的，也是正在实践的。一个战争中长大的孩子要的永远是和平。另外，您知道吗？我是个不标准的左撇子，我写字用右手，干活用左手。我把它称为互补的身体。不要什么分割或精神分裂。请不要以为因为我是这么成长的，所以我才赞美它。恰恰相反，我的一生都在努力践行这条原则。

其实有很多作者也践行着这一关联原则。柏拉图坦然地把几何问题和品达[①]的诗结合在一起，亚里士多德谈论医学和修辞，卢克莱修作诗吟唱物理，莱布尼茨和帕斯卡分析时文笔优美，左拉把遗传写进小说[②]，还有巴尔扎克、拉封丹、凡尔纳……哪个哲学家不是呢？

把科学理想和文学诱惑——我故意用这个兼有神学和道德意味的词——分割开来的历史并不久远，总之是在启蒙时代之后，也可能仅仅是起始于当代的

---

① 品达(前518—前438)，古希腊抒情诗人，被后世的学者认为是九大抒情诗人之首。

② 左拉是19世纪法国自然主义文学运动的代表人物。自然主义文学创作的目的之一是为了探索人类生活中遗传和环境对人的决定作用。

大学。皮兰[1]在《原子》一书中还引用了卢克莱修。

最后,哲学家应该通晓硬科学和古希腊、古罗马的人文学,兼具严谨和文化,他们绝对不能容忍废话或意识形态。我总是感叹这样的教育已经消失了,只剩下了人文科学。

巴什拉和奥古斯特·孔德[2]

拉图尔:现在我们知道这些学者都做过文理科的融通,但我们部分是通过您往前追溯的。当时占据主导地位的认识论其实是反向而行,把文科和科学分裂开来。最后关于您的思想成长,我想知道您和认识论学者之间有哪些矛盾?但您一开始是被他们视为认识论研究者中的一员的。

塞尔:是的,因为我懂一点科学。

拉图尔:所以从某种意义上说,这个可能世界里的认识论学者塞尔突然中断了认识论研究。

塞尔:是的,很突然。我很高兴锯断这根我本可以安稳栖息的树枝。认识论是一条无用之路,它要求我们学习科学,然后糟糕地评述它,甚至更糟的是抄

---

① 让·巴蒂斯特·皮兰(Jean Baptiste Perrin,1870—1942),法国物理学家,1926年诺贝尔物理学奖获得者。

② 奥古斯特·孔德(Auguste Comte, 1798—1857),法国哲学家、社会学家,实证主义创始人。

写它。学者思考自己的专业要比世界上最优秀的认识论学者强,因为至少他们更有创新性。

拉图尔:我尝试发掘出多个可能存在的塞尔,那些最后我们没有看到的塞尔。比如说,您本可以作为认识论学者研究数理逻辑。

塞尔:我一开始做过,还做得不少。但在我成为哲学系第一个教认识论的老师之后,我和您说过这件事,后来我放弃了,因为我觉得这是种蹩脚的数学,这边的景象不够华美。我用一生来研究"p 蕴涵 q",该有多无聊啊!思想多受局限啊!

我还研究过科学史。我曾经以此为生进了大学,但仅此而已。请注意,这作为职业已经相当不错。在这个学科上我们遇到了一些美妙的问题,比如几何的起源:某个人群是怎样在某个时候获得了抽象思维?我无法停止思考这个问题,它几乎出现在我的每本书中。如果我们真能解决这个问题,我们会在哲学上取得巨大进步。

拉图尔:等一下,既然您在科学史的领域中已经有同行,那么应该在法国存在科学史的研究传统,对吗?

塞尔:事实上有两种传统,一种是迪昂和塔内里[①]开启的经典认识论,迪昂研究的正是希腊几何的

① 保罗·塔内里(Paul Tannery, 1843—1904),法国科学史学家。

起源;另一种是巴什拉和他的学派,它和前一种传统保持了距离。我在前面说过巴什拉在定义一种新科学精神的时候自身已经滞后。我想这种滞后是因为论战造成的。在巴什拉之前,柏格森已经选择了和奥古斯特·孔德相反的道路,而巴什拉又与柏格森完全相反,所以他不知不觉间回到了奥古斯特·孔德那里。所以,大学里教授的实证主义除了外墙重新粉刷了一遍之外毫无变化。

但是在我仔细重读孔德的作品后,我发现他比他的后继者们更深刻,他是社会学的鼻祖,因为他第一个提出了科学与社会之间的关系问题,然后更重要的是他还提出了科学史和宗教史之间的关系问题。在这一点上,他无人可及,因为他的后继者们没有一个人用任何一种语言在这个重大问题上走得更远。

1975 年,我在海尔曼(Hermann)出版社出版了《实证哲学教程》[①]。为此我花费了大量心血,但我受益良多。我没有后悔那些年在拉普拉斯[②]、拉格朗

① 该书全名为《奥古斯特·孔德:实证哲学教程》。

② 皮埃尔-西蒙·德·拉普拉斯(Pierre-Simon de Laplace,1749—1827),法国数学家、天文学家、物理学家、政治家。

日[1]、傅里叶[2]、蒙日[3]、卡诺[4]处找寻源头，并推翻了人们对孔德的固有看法。人们反复提起他，却都没有好好读过他的书。虽然他对那个时代的科学认识论的评价是保守的，甚至常常是错的，但他的认识呈现整体性，只要我们反过来，用对称法从认识论到科学，进行一一比照，不难预见到在他之后科学的走向。说他是个天才绝不过分，他晚年对社会和宗教的理解非常到位，但别人都以为他是个疯子。他的一部分作品被忽视了。

我再说一遍，巴什拉进一步加重了我们之前所说的科学和人文学之间的分裂：一边是清醒着工作的科学精神，另一边是酣睡的"物质想象"[5]、它的幻想和遐思，最终把人文学埋葬在理性的酣睡中，淹没它，把它当作风，焚烧它。这甚至有一种道德和责任意味：一边是清醒的活力，另一边是黑夜里的惰性。

---

① 约瑟夫·路易·德·拉格朗日（法语名 Joseph Louis Lagrange，意大利语名 Giuseppe Luigi Lagrangia，1736—1813），数学家、物理学家、天文学家，出生于意大利都灵，后于 1802 年入法国国籍。

② 让·巴普蒂斯·约瑟夫·傅里叶（Jean-Baptiste Joseph Fourier，1768—1830），法国著名数学家、物理学家。

③ 加斯帕尔·蒙日（Gaspard Monge，1746－1818），法国数学家，画法几何创始人，微分几何之父。

④ 尼古拉·莱昂纳尔·萨迪·卡诺（Nicolas Léonard Sadi Carnot，1796—1832），法国物理学家、工程师，热力学创始人。

⑤ 巴什拉在《水与梦——论物质的想象》中区分了两种想象：物质想象和形式想象。前者产生物质因，后者产生形式因。

于是在科学之外没有了任何理性的工作或是有价值的道德。即便是推崇智慧理性的启蒙时代也曾经缔造了浪漫主义的狂飙突进运动[①]，让它栖身于如梦如雾的文学中。但如今这一对称性再无产出。

诗歌吟唱得再美，依然只是物质的和想象的。我很快发现这种把文化一分为二的理论太过学究气，很危险。反过来看，拉封丹、魏尔伦[②]或马拉美的诗写得和几何定理一样严谨，而几何定理的证明过程也可以和诗歌一样美。

所以，我们有必要去思考科学和文学之间共有的严谨和美感，思考这世上一体的文化。我们不存在两个大脑、两具身体或两个灵魂。

拉图尔：我明白您为什么在学术上要和巴什拉斗争。他对文化的割裂正是您所不愿看到的。他是个文化上的“精神分裂者”，并引以为豪。

塞尔：可能吧。但是我永远不明白为什么像您说的那样，和持不同观点的人“斗争”。我对和我意见相左的人总是心怀友善，以礼相待。意见相左的人甚至

---

① 狂飙突进运动（德语：Sturm und Drang）是指18世纪60年代晚期到80年代早期德国新兴资产阶级城市青年所发动的一次文学解放运动，是德国文学史上第一次全德规模的文学运动，是德国启蒙运动的继续和发展。运动的名称源出自德国作家克林格的剧本《狂飙突进》。

② 保罗·魏尔伦（Paul Verlaine，1844—1896），法国象征主义诗人。

可以比其他人教会我更多的东西。如果我们没有这种关联及某些对立观点,我们又怎么能真正对话起来呢?

拉图尔:你们两者之间的观点天差地别。

塞尔:是的。

拉图尔:那么其他研究科学史的同行呢?是否因为秉承不同的认识论传统,比如迪昂的……

塞尔:可惜啊,迪昂已经过时很久了。当时很少有人看他的书,他们瞧不上他。20世纪初发生在法国的宗教战争终结了迪昂的时代。几年后我到了美国,发现那里的人还在推崇他,我真是吃了一惊啊!

拉图尔:他被历史学家遗忘了?

塞尔:是被法国的科学史家遗忘了。

存在一条普遍法则,在法国少有例外:您在法国经常会不时看到一场论战,把某某学者封杀,随后我们几乎都把他给忘了,因为我们喜欢在各种问题上打内战,乐此不疲。我们是哲学的生产者,但我们却把邻国的思想引进国内,在课堂上教授。所以在法国,被遗忘最多的思想家是用法语写作的思想家。同样道理,据精确统计,在法国作品被演奏得最少的音乐人也是法国音乐人。

我们没有教廷圣职部①，但我们的“内战”担负起相似的职能，且更胜一筹。您看得出来，正是为了努力恢复和平，我才推出了“法语哲学作品文库”项目，文库很快就有一百册书。我再版了迪昂和其他被诸多论战无辜埋没了的思想家的作品，包括无神论者和神父、红与白、政治家和学者、富人和穷人、男人和女人……总之彼此对立的人群。排斥只会很快造成空无。

拉图尔：科学史会是一种平息战斗的方法吗？

塞尔：科学史要求人们把各门科学、把科学和其他文化学科彼此连接。我们要承认胡塞尔是对的：他在《危机》(*Die Krisis*)一书中明确提出了这种文化生成的概念。他在描述西方科学危机时质问：我们称之为科学的特殊学科是否脱离于其他学科而存在。他的意思是科学意味着某种类似地层的东西，它随着地球演化、时间变迁得以沉淀或发生变形。这个问题提得很好。

拉图尔：所以，当您没有更好的选择而把科学史研究作为职业时，您没有像绝大部分其他人那样把科学和其他文化分离，而是试图重构内在主义和外在主义之间的关系，是吗？

---

① 拉丁语 Sacra Congregatio Indicis，罗马天主教会设置的审查机构。

塞尔:由于我在大学里就开始研究现代代数结构,所以我只需要把同样的方法应用于拓扑学。我开始了这一研究,我很感兴趣,甚至比研究代数结构时要激动得多。我从这两个学科往上追溯,遇到了莱布尼茨。有人说是他发明了这两门学科,包括它们的现代发展走向,我觉得基本没错。我对他很是着迷,我认为他天才地预言了我们这个时代,甚至包括信息技术、逻辑学和相对论。但研究莱布尼茨仅仅知道数学或一般意义上的科学是不够的,研究者还必须成为一个史学家,学习他那个时代的拉丁语,等等。

然而,当时的科学史和古希腊、古罗马文化几乎没有关联。分裂已经延伸到此处。优秀的古代史学者或者杰出的中世纪史学家研究莱布尼茨会忽略他的科学论著,而科学史研究者又会无视他的《神正论》。在这一点上我同样难辞其咎,因为直到读到克里斯蒂安娜·弗雷蒙(Christiane Frémont)[1]的书,我才发现我对莱布尼茨的研究虽然已成系统,但依然片面。我在为莱布尼茨和德斯·博斯[2]的通信集《存在和关系》一书写的前言中承认我弄错了,确切地说是

---

[1] 当代法国学者,毕业于巴黎高师,目前为法国国家科学研究中心(CNRS)研究员,著有多部关于莱布尼茨的专著。塞尔曾为她的《存在与关系》(*L'être et la relation*)一书作序。

[2] 巴塞洛缪·德斯·博斯(Bartholomew Des Bosses,1668—1738),耶稣会士,莱布尼茨的友人。

疏漏了。

出版第一本书[①]的时候，我在克莱蒙－费朗教书。我记得当时出台了一个规定——不知来自哪个官员或部长？——要求理科图书馆和文科图书馆分开。可是难道要把书撕得七零八落，把莱布尼茨、帕斯卡、柏拉图、亚里士多德、狄德罗、刘易斯·卡罗尔还有其他人的书一页页分开吗？不知道是幸运还是不幸，科学很少会把诞生于前一代的科学文本当作科学。

拉图尔：所以在您看来，问题的关键从来不是科学和哲学之间的关系，而是哲学和已经贫乏到极点的人文学之间的关系，是吗？

塞尔：有哪一位真正的哲学家能真正避开诗歌和定理的关系呢？

拉图尔：但科学史学者依然存在不是吗？您有同行。您不喜欢您的职业吗？

塞尔：有时候吧，但不常是。

拉图尔：即使在当时？

塞尔：这个职业让我遭受过严重的痛苦，我不想谈论，我花了很长时间才恢复过来。总之，我得教科学史，但是在一个历史系里，远离哲学，甚至被哲学教

---

① 即塞尔于1968年出版的《莱布尼茨的体系和他的数学模型》(*Le Système de Leibniz et ses modèles mathématiques*)。

育排斥和驱逐出界。我当时很难受，也许今天还深感其痛。我避开这个圈子，包括学生和同事，以及我难以忍受的东西，再次成为孤家寡人。我后来找到的真正的同道中人，他们都和我差了一两代人的年纪。我和您，以及一些优秀的年轻人一起出版了《科学史要素》，但那已经是20年后的1989年了。在此期间感谢所有愿意和我共事的人。

拉图尔：您认为这是个偶然吗？

塞尔：是悲剧，或惩罚，我不知道。总之，最后是我一个人。

拉图尔：普通意义上的历史，即布罗代尔和年鉴学派[①]意义上的历史，同样被认为在60年代面貌一新。您对他们研究的历史感兴趣吗？

塞尔：可能是我自己的原因，我从来不是一个好的历史学家，因为我一直不明白这个学科研究的是哪个"时间"，单数的还是复数的。历史可以谈论一切，不被人篡改。我的整个一生也都在研究这些主题。也许我也会一直等到临近退休的时候才去给历史学家上课。我准备了很长时间，想写一本关于时间和历史的书。书写得很慢，和我对时间和历史的直觉一样

① 法国20世纪的重要史学流派，其名称来自法国学术期刊《经济社会史年鉴》（后屡经更名，并于1946年定名为《经济·社会·文化年鉴》）。年鉴学派以采取社会科学的历史观著称。费尔南·布罗代尔（1902—1985）是年鉴学派第二代代表人物。

缓慢。

无用的讨论

拉图尔：最让我难以理解的是您对讨论的看法，这可能是因为我更接近盎格鲁－撒克逊世界。您一直把讨论当作争论，一直认为学术圈都是人和人的战争。可是您也有过同行，并对您产生过影响。您后来认识了基拉尔[①]？

塞尔：是的，很久之后，那时候我在巴尔的摩的约翰·霍普金斯大学、纽约州立大学布法罗分校以及加利福尼亚的斯坦福大学任教。他对我的影响和西蒙娜·薇依对我的影响是同一种类型，关于同样的问题。他在年轻的时候也读过《重负与神恩》。他承认他对暴力的反思同样来源于对西蒙娜·薇依的作品的思考。

拉图尔：那么，像列维－斯特劳斯[②]这样的人类学家或是杜梅齐尔[③]这样的神话学专家呢？

---

① 勒内·基拉尔（René Girard，1923—2015），法国人类学家、历史学家、哲学家，法兰西学院院士。

② 克洛德·列维－斯特劳斯（Claude Levi-Strauss，1908—2009），法国作家、哲学家、人类学家，结构主义人类学创始人和法兰西科学院院士。

③ 乔治·杜梅齐尔（Georges Dumézil，1898—1986），法国历史学家、宗教学家、比较语言学家，法兰西科学院院士。

塞尔：一直到最近，参加中学哲学教师资格考试的人都必须持有一个科学证书，可选的科目有数学、物理、化学、生物等硬科学或较硬的科学，此外还有民族学或史前学这样的软科学，或叫人文科学。所以没有受过科学教育的哲学专业学生都会选择参加民族学或史前学的考试。这也是为什么上述这些人文或社会科学会突然受到哲学家的热捧。您说得对，社会科学经常可以归结出某种理性，用以解释大规模的思想运动。只要设置一个招生考试就能让某门相应的学科存在。

我当时已经拿到了数学本科学位，无需再去研究更软的学科。所以我错过了这场运动，也没有读过这几部人文学科的大部头著作，但结构主义我是了解的，因为它就诞生于代数。所以您可以想象，当我知道在语言学那里也有结构主义的时候我有多惊讶。但我的结构主义更多的来自布尔巴基学派，以及代数或拓扑学的结构。在我看来，它们是有些不一样的。现在回头再看，我确信这个想法是对的。

拉图尔：但像杜梅齐尔这些人，您是怎么认识的呢？

塞尔：我认为，他把真正的结构主义应用到古典文学和宗教史。我对宗教史一直很感兴趣，我至今依然深信宗教史构成了文化史中最深的板块。我用“板块”这个词是借用了地球物理学的术语，也延续了胡塞尔说到“构造”时的意象。“板块”是被淹没的、被埋藏的，常常是不透明和黑色的，无比缓慢地移动着，但却清楚地解释了在表面上发生的间断性变化和明显断裂。是的，和宗教史相比，科学史在我眼中就像是新近才形成的表面风景，清晰可见、绚丽多姿，甚至当我们仔细研究宗教史的时候会发现科学史只是对它的模仿和鹦鹉学舌罢了！

很可惜，我一直到很晚才认识杜梅齐尔，是福柯介绍我们认识的。我觉得相比于列维-斯特劳斯，我和杜梅齐尔更为契合，因为杜梅齐尔有过古希腊、古罗马和印欧文化的研究基础，我对这些都很熟悉，可我对美洲印第安神话的素材知之甚少。和杜梅齐尔在一起交流，我可以验证，而和列维-斯特劳斯在一起却不行。

拉图尔：*既然说到福柯，您和他之间是什么关系呢？*

塞尔：我是他的学生，也是同事。

拉图尔：*您在巴黎高师读书的时候？*

塞尔：完全正确。现在我们来回答讨论是否具有丰富思想的功能。我不肯定辩论是否会推动思想发展。我们举个例子：很久以前在报纸杂志上发起过一场关于偶然性和决定论的小辩论，到了斯大林时代又掀起过一场关于海森堡不确定原理的大辩论，这一次所有的论据全部一一照搬前一场，没有明显变化。同样的阵营、同样的派别、同样的唇枪舌剑。论据本身复刻了19世纪实证主义学者内部奥古斯特·孔德一派和拉普拉斯一派的论战。这些论战字字句句全部收录在《实证哲学教程》一书内。我们还可以追溯到古典时期帕斯卡和伯努利家族[①]之间关于谁发明了概率论的争论。

您不觉得参加这种论战完全是在浪费时间吗？因为战争是世界上最普遍的东西，它让世界无休止地重复着相同的行动和思想。除了改变社会格局和推动权力角逐之外，辩论和批评都没有促进作用。可大家都以为它们可以通过杀死对手丰富思想，这是多么荒唐啊！

无论是哲学还是科学，真正推动进步的是创造新的概念，并且这种创造总是在孤身、独立和自由中产生。是的，在平和中。今天的我们不缺研讨会，但我们产出了什么？集体的废话。我们极度缺少拥有安静单间和实行沉默原则的修道院，缺少苦行的修士和隐士。

---

① 伯努利家族是瑞士一个数学家辈出的家族。17—18世纪期间，伯努利家族共产生过11位数学家。其中比较著名的有雅各布·伯努利（1654—1705）、约翰·伯努利（1667 —1748）和丹尼尔·伯努利（1700—1782）等。其中雅克布·伯努利是公认的概率论先驱之一，他从1685年起发表关于赌博游戏中输赢次数问题的论文，后来写成巨著《猜度术》。

论战施加压力，总是试图确认思想的主流地位。它抛出思想，再给它们套上保护罩，形成一个学术圈，然后封闭起来。严格来讲，论战确实有时会把思想"修剪"得更精准，但绝不会有新的发现，而哲学看不起的正是对已有概念的切割，除非哲学自己醉心于评论。

讨论是保守的，而创造需要敏锐的直觉和失重的轻盈。

拉图尔：您对讨论和团队工作的意见和我的不一样，我钦佩您的勇气！福柯虽然是康吉莱姆的忠实的学生，但他在人文科学中在社会、知识和权力之间建立了一种关联。从某种意义上说，这是不是和您一样？

塞尔：我曾经是他的学生，后来和他在克莱蒙-费朗做过同事，再后来又在万塞讷(Vincennes)[1]共事过几年。在他撰写《词与物》期间，我们每周都讨论。这本书的很大一部分是在我们的讨论之后写的。但这种讨论绝不是辩论。那段时间里，我们俩都过着避世的日子。这本书里的结构主义思想部分都来自我们俩的紧密合作。

拉图尔：福柯的这本巨作应该和您的思想有着密切的关系。他讨论的是人文科学如何产生的问题，

---

① 即巴黎第八大学，又名巴黎万塞讷-圣丹尼大学。

讨论的是结构和话语形成……

塞尔：他演奏的是人文科学的乐谱，而我演奏的是精密科学的乐谱，所以我们能顺利合作。我们在研究方法上没有任何分歧。我曾经就他的《疯狂史》[①]写过一篇文章，后来收录进第一本“赫尔墨斯”系列的书里[②]。在文章中，我试图找出福柯使用的几何结构。但是后来，在《规训与惩罚》之后，我没有继续关注他。我们在万塞讷的时候对政治的看法，不，应该说是对教育伦理的意见相左，虽未挑明，但确实后来不再联系了。但我一直很欣赏他。他延续了自阿扎尔[③]和布伦士维格以来的法国大学的传统。布伦士维格先后写过关于数学和物理的历史及哲学的全景研究。《词与物》是人文科学里的全景研究。

拉图尔：其他人文学研究，例如德里达呢……

塞尔：我从未参与过后海德格尔研究，我很晚才读到《存在与时间》。之前我已经说过原因了。

拉图尔：您一直对讨论的负面影响难以释怀？

塞尔：为什么要参与一场关于决定论和混沌论的

---

① 该书原名为《癫狂与非理性：古典时期疯狂史》，为福柯攻读博士学位的论文，也是福柯出版的第一部重要作品。1972 年再版时删除书名中的“癫狂与非理性”，更名为《古典时期疯狂史》。

② 参见《赫尔墨斯 I 交流》第二部分第一章。

③ 保罗·阿扎尔（Paul Hazard，1878—1944），法国历史学家、文论家，1940 年当选法兰西学院院士。

辩论呢？几乎每一代人里，相同的阵营都说过几乎相同的话。不，辩论不具有建设性。几年前，有一家杂志社组织了一场关于由巴尔扎克小说改编的电影《不羁的美人》(*La Belle Noiseuse*)①的影评活动。我给杂志社发了一篇文章。电影名里的"noise"是混沌(chaos)的古词。是的，"混沌"一词很有意思，我相信我应该是第一个这么说的哲学家，混沌不是重复的讨论。

论战不创造任何东西，因为从人类学角度讲没有什么比战争更古老的。在盎格鲁－撒克逊世界里，反对意见已经成为当代的圣经，超越一切。而正因为它超越一切，所以它强加了自己的方法，这是赢家策略。您去重读柏拉图：苏格拉底总是使用能让他自己胜出的方法。辩证法是支配者的逻辑，它从一开始就以不可商榷的方式确定了自己的讨论方法。

拉图尔：我不同意，因为在我个人的经验中，同行的集体讨论总是积极的。但这不重要。我们的读者会有一个问题，那便是所有人都认为五六十年代是一个伟大的时代……

塞尔：就像《伊索寓言》里的古老舌头——最好的

① 《不羁的美人》为1992年由雅克·里维特(Jacques Rivette)执导的法国电影，中文又译为《嬉游曲》，改编自巴尔扎克短篇小说《无名杰作》。该片获得1992年戛纳电影节主竞赛单元评审团奖。

也是最坏的[1]。

拉图尔：法国知识分子的伟大时代，有列维-斯特劳斯、福柯、萨特，还有众多的争论，所有人都怀念这段哲学的辉煌岁月。正是在此期间我们创造了新的方法：人文科学的、人类学的……大家都认为这是个伟大的时代，并且在很长一段时间内都把您视为结构主义运动的一员。

塞尔：那已经是很后面的事情了，60 年代的事，我们等会儿再说。法国发生了最好的，也是最坏的事情。所谓最坏，是法国的大学和知识分子圈因为恐惧、守旧和压制进入了一种冰河期。但无论如何，您是对的，总结那些年发生的事，法国确实是少数几个出现知识复兴的国家之一。

但是恰恰是那些没有选择学术大道的人为我们带来了真正的新知识：例如，吉尔·德勒兹。他摆脱了传统的哲学、人文科学和认识论的历史，他是思想自由和思想创新的有生力量中的杰出代表。

拉图尔：杜梅齐尔也是如此，他拥有完全非典型的学术生涯。

塞尔：杜梅齐尔终其一生都是同行批判的众矢之的。即便在法兰西公学院和法兰西学院里，大家不仅

---

① 《伊索寓言》里有句名言：世界上最好的东西是舌头，最坏的东西还是舌头。

仅把他看作非典型,更是视他为柏格森一样的怪咖。柏格森也是如此,他即便在进入法兰西公学院和法兰西学院之后也没能得到大学同行的青睐。我们讨论过柏格森吗?我们能讨论直觉吗?伟大的发明,包括概念的创造难道不都是因直觉而产生的吗?直觉下第一刀,然后跟班的才会议论纷纷,讨论怎么切成碎片。

拉图尔:但从外部看这个社会现象,我并不如此认为。所有优秀的法国知识分子都自称受迫害,福柯是这样,在公学院任教、担任部长顾问的布尔迪厄也认为自己受排挤,德里达同样自觉受挤兑。这算不算是法国特色呢?人人都认为他人掌握了话语权,而只有他自己单枪匹马对抗全世界。

塞尔:也许您说得对。但在美国教书的25年并没有让我看到大洋彼岸的思想健康程度优于我们。怨愤是可怜人或赤贫人的每日口粮。大学体制本身塑造了这些气质,难道不是从中世纪开始就历来如此吗?

再说说吉尔·德勒兹。毫不夸张地说,他确实是完全被排挤的:这是我对他的最高赞誉。他是真正乐于哲思的人,而且心态极度平和,在这一点上他同样值得学习。

拉图尔:您人生中很长一段时间在美国教书。您在这个国家也对讨论持有负面意见吗?

塞尔:法国和您所说的盎格鲁-撒克逊国家的最

大区别不在道德层面、精神病理层面或是学术实践层面，而是来自政治体制：我们是共和制，而美国人建立了一种民主制。这一区别深刻地影响了日常生活和学术活动。

共和制建立在一种集体和理论的理想之上，因此在实践中，它使得我们作为单独的个体和独一无二之人去生活和思考，由此也产生了我所说的孤独感和永无休止的论战。论战，哎，它继而转化为一系列真正的内战。这就是法国人为什么会用破坏性的评论作用于他们所处的集体：他们对法国发生的事，包括文化在内，从来都是极尽言辞犀利之能事。

而盎格鲁-撒克逊式的民主在实践中要求每个人不停地建构一种平等且尽可能持久的集体，这要求每个个体都保持一致性（conformité），甚至一种因循守旧（conformisme）。我们很快能发现：在他们的辩论里有一种您称道的相对和平，他们会对身处的集体进行赞美或长期的正面宣传。

假设现在把我们的自我检讨和他们的自我宣传进行较量，您猜，至少在讨论和媒体环境中，究竟哪一个可以胜出？我认为不管现在的主流意见是什么，我们称之为共和的体系更为先进。

所以从生活和学术创新的角度看，对于具有集体性质的科学而言，产生一致性契约的民主制更佳；但对于更为个人的创作，共和制要好得多，因为它推崇个人主义。这就是我用自己的方式,对您刚才说的受迫害感的精神疾病所做出的回答。您对于政治社会学应该比我更精通,政治社会学确实有用。

我总结一下讨论方法的问题,战争的经历也许永远为我斩断了讨论的念头。萨特的统治地位也与此不无关系,他批判一切,却一无所知。他不懂科学,不知道科学对社会的重要影响,因此延迟了真正的新思想的诞生。而他的"介入"(engagement)道德在一个时期内成为必选道德,使得应该在孤独中诞生的思想创新变得越发贫瘠。

既然谈到论战,可否用同一件事情——战争——开始和结束我们的访谈呢?您这个年纪的人期待一个热爱论战和战斗的国家,您相信除非发生偶然事件,科学和实力可以确保取胜;但在您面前的我到了这个岁数,我自认是那些弱小、无知、贫穷的文化、语言和国家的后裔,它们难以应付论战和战争。您相信在强者的无声和冷漠中,那些安葬了数十万亡魂并为之哭泣的人会相信战斗可以带来思想的富足,堆积如山的尸骨会带来历史的进步吗?

拉图尔:所以您的成长简而言之就是追求孤独的状态?

塞尔:哲学家的成长必然历时长久,而经历过历史的无常和学科的危机后,我所经历的成长更为严酷和痛苦。我用了几十年的时间摆脱最初的束缚:目之所及，皆是苦难和死亡。人命不值一文，活着已是难得。后来，也许出于一种战争应激反应和劫后余生的激动，也或者出于天性、本能或需要，我无可抑制地爱上了生命。我至少还活着，还能不时地思考，这种喜悦难以言表，久久不能平息。

我本应子承父业，做体力活，听天由命；年轻的时候，我经历了十场战争，本应满腹怨愤，一脑袋负面思想。但是在这两种命运轨迹里，我却都看到了它们的另一面。是的，我只喜欢正面价值。我对自己选择的职业——教书（我爱学生）和写书（如果需要，我就自掏腰包）——有着难以名状的幸福感。我对哲学生活的热情从未消退。要说起来，这种情感一直激荡在我心里，我毫不犹豫地说——是喜悦，因思考而产生的无边的、耀眼的——是的——圣洁的喜悦，甚至还有平和的心境。

拉图尔：所以不幸的人生经历并没有让您的作品成为悲剧？

塞尔：当人生始于死亡的经历，笼罩在死亡的阴影下，它只可能满怀对初生和重生的爱，带着积极而饱满的喜悦继续走下去。我可以幸运地摆脱创伤应该感谢谁呢？在走过历史黑暗的一页之后，我需要用尽人生的每分每秒赞美它的美好，用我的一生创作出作品，虽然我可能无从知晓它的真正价值。困惑而脆弱的美好。

访谈二　方法

拉图尔：上一个季度，我们谈了您的成长，谈了您的经历。您的作品很难读懂，因为您不属于任何一个明确的传统。“无师，亦无徒。”您和我们谈了当时的历史环境和学术状况，由此说明了您为什么对那个时代避之不及，您不认为那是个辉煌的年代。您为我，也为您的读者们解决了最大的一个阅读难题。我是指那些准备不够充分的读者。您对科学、哲学和文学的三重肯定解释了您对思想界的论战漠不关心的原因。您的个性因此不言而喻。

塞尔：思想的自由在于不断创新。可惜啊，大部分情况下，思想都是在充满不可能性的艰难环境中受到限制和强迫。我重提从前的记忆，既无喜悦，也不想讨好。我愿意把它总结如下：一系列可怕的障碍压制了对自由几乎狂热的渴求。我们必须不惜一切代价摆脱它。

拉图尔：这正是我今天想谈的。思想自由对您的读者和我而言体现为第二个理解困难，一个相当大的难题。问题不再是“他怎样得出这个想法的？为什么他没有传承某个传统？”这个问题我们已经解决了。现在的问题是：他是怎么游移的？他是如何行走的？为什么不同的段落里，我们先是看见了罗马人，然后是儒勒·凡尔纳，然后突然又是古印欧人！然后，噌一下，我们坐上“挑战者”号火箭，最后在加龙河岸边着陆？我们看到了雪地上的一些脚印，这儿一处，那儿一处，但是我们看不到连接各个脚印之间的痕迹。我们感觉您像是拥有一台时空穿越机器，您可以无拘无束，自由行走。可是我们这些步行者是看不到的，所以我们会揣度：这里有窍门。

塞尔：在比较研究学里，我们可以回到古罗马，随后，嗖的一下，又到了爱尔兰和威尔士，随后出人意料，嗖的一下，又来到吠陀时代的印度。您对乔治·杜梅齐尔提过这个问题吗？在博古通今的哲学家的作品里，例如亚里士多德、莱布尼茨、奥古斯特·孔德等人，您先是身处一群动物中间，然后嗖的一下，又谈到了政治，然后毫无征兆地又看到了一堆定理……康德从天文聊到法学，从地理聊到人类学，最后写出了他的三大批判，可您会对他提出这个问题吗？

拉图尔：我列出阅读您作品时的一些困难，希望您能解决它们。您的“时光机器”是思想的自由畅行，但却招来诸多非议，他们指责您的作品写得像诗。这些批评对您的作品产生了很大危害，我知道您很生气……

塞尔:严厉批判一个作品就说它不过是诗,这是怎样过时的表现啊!希腊语里的“诗意”意味着“生产”和“创造”。用这个意思就好了,谢谢。

拉图尔:我希望我们聊聊这一点。您的作品有技术含量,论据有力,论证清晰,可是喜欢塞尔的人会说:“真美,可我读不懂,这是诗。”当人们不喜欢它的时候,他就会说:“这是诗。”我想如果您能悄悄地给我们瞧一眼您的“时光机器”,或说您的“飞碟”,我们会更明白些。

塞尔:我们从何谈起呢?

所有的作者都是我们的同时代[1]人

拉图尔:从时间开始吧。我认为对于我们这些现代读者而言,您最令我们吃惊的地方是您完全无视时间间距。在您看来,毕达哥拉斯和卢克莱修离我们的时间距离和拉封丹或布里渊的距离别无二致。大家说您的眼里没有时间,一切都是同时代的。而我们这些步行者会想:“提图斯·李维[2]毕竟距今很

① “contemporain”一词在法语中既有“当代的”,又有“同一时代的”两重意思。作者在文中不时交替使用这两个意思。

② 提图斯·李维(拉丁名 Titus Livius,前 59—17),古罗马历史学家,著有《罗马史》。

远了，已经尘封了，怎么可能和当代科学有关呢？”为什么您可以把所有的类型、作者、作品和神话放置在同一个时间里呢？接下去我们来谈谈它们之间的关联吧。

塞尔：说到“同时代”就必须想到某个时代，或者以某种方式思考它。您记得我们在此前谈过的历史学家意义上的时代吗？我们可以换种方式提问：“同时代”是什么意思？我们设想有一辆新款汽车，它是由一系列不同年代的科技构成的非同质体。它的每一个零件都可以追溯年代：这个装置是20世纪初的技术，而那个装置是十年前的，而卡诺循环[①]差不多可以追溯到两百年前，还没有算上始于新石器时代的轮子。说整个车子是当代的，只是因为组装、设计和包装是在当代完成，有时甚至仅仅是因为广告滋生的虚荣心产自当代。

同样道理，有多少看上去像当今的书是整个儿属于当代的呢？例如某一本书试图思考最近的几个科学发现：它的哲学思考始于18世纪，甚至更早，一种

---

① 由法国工程师尼古拉·莱昂纳尔·萨迪·卡诺于1824年提出。包含等温吸热、绝热膨胀、等温放热、绝热压缩四个步骤，为提高热机效率指明了方向。

在当时流行的爱尔维修[1]或霍尔巴赫[2]的科学唯物主义。在哲学讨论和科学信息之间常常存在严重的时差，因为科学信息来自新近，作者所利用的哲学则来自一个远去的时代。时差的存在让这些书，或者我之前提到的某些辩论，显得非常滑稽。

这在认识论里经常发生：两个元素极少来自同一个时代。我们打个比方说，一栋大宅子的一个侧翼是希腊式建筑，有着立柱和三角楣，而另一个侧翼则是当代建筑，由预应力混凝土建成，装了烟色玻璃。一半是蒙娜丽莎，一半是马克斯·恩斯特。天知道，怎么可能用一把镐子来拨弄原子？我甚至觉得自我开始学习之日起就没有真正属于当代的科学思考。

拉图尔：没有吗？

塞尔：据我所知，没有。分析学派虽然还在进一步细化已经被解决或被提出的问题，这些问题要么出现在18世纪的法语文本里，要么以拉丁文的形式出现在中世纪的欧洲大学里，或是出现在古希腊的诡辩学派那里，但哲学进入大学经院教育后就被禁锢其中，它基本停滞不动。继续运行的只有大学机制，为

---

① 克洛德·阿德里安·爱尔维修（Claude Adrien Helvétius，1715—1771），法国启蒙思想家、唯物主义哲学家，著有《论精神》。

② 保罗-亨利·蒂利·霍尔巴赫（Paul-Henri Thiry Holbach，1723—1789），或称霍尔巴赫男爵，法国启蒙思想家、唯物主义哲学家、无神论者。

了不断生产出听话的年轻人。可以说，大学机制施加了一种方法。

但是问题却是层出不穷，它们出人意料，难以预测，且亟待解决……我的意思是科学从未如此迫切地需要人类的思考……我们必须努力推动现代性。

拉图尔：我不是很理解。您想变得现代？

塞尔：我是什么，或何时成为的，都不大重要。但我希望能够思考时间，特别是"同时"。

我再举一个简单的例子。在读卢克莱修的书时，所有人都说从古代到 19 世纪，人们所讨论的那种机械论已经过时了。实验科学已经远离了这些抽象梦境，摆脱了这种讨论，并让这些讨论最终显得毫无用处。皮兰提出的原子和卢克莱修意义上的元素风马牛不相及，所以卢克莱修的思想不属于当代，甚至都读不懂。他既归属于拉丁语学者研究的范畴，也属于唯物主义史学家研究的范畴，所以他加倍地远离了当代：为什么还要在哲学中研究他呢？再说了，他写的东西也是诗。

但是在我仔细阅读了他的《物性论》（*De rerum natura*）之后，我实际上看到了他在讲述流体力学、湍流和混沌；他已经提出了偶然性和决定论的问题；他的“克里纳门”(Clinamen)①是第一条曲线，也是对称理论上的一条裂缝；当关于时间的科学限制我们只能思考固体力学的时候，我们就无法读出这些东西；他称之为数学的东西更确切地说属于阿基米德，因而与伊壁鸠鲁和欧几里得不同……是的，他确实就是当代的，不是在科学研究的内容上，而是在哲学思考上。他属于当代，更是由于他满怀热情地关注暴力问题，以及宗教和科学之间的关系。因此，相比于声称评论这些问题并特意用“当代”语汇写就的海量书籍而言，他尤为当代。

拉图尔：等一下，您所谓的“当代”一词是什么意思？

塞尔：“当代”一词有两个相反的意思：其一是卢克莱修在他自己所处的时代已经在真切地思考流体、湍流和混沌；其二是他因此与我们这个时代相连，因为我们也在重新审视类似的问题。我必须在时间中转换，而不再拘泥于历史学意义的时间。

我昨天在国家科学研究中心(CNRS)参与了一场关于卢克莱修的讨论。与会的拉丁语学者和原子论学者各执一词，这是一如既往的“精神分裂”现象。一方是研究卢克莱修用拉丁语写就的文学和哲学文

① 指由微粒相撞而产生的不可测的突然转向，由卢克莱修提出并命名，以捍卫伊壁鸠鲁的原子论学说。

本，他们要么谈论辩证唯物主义，要么谈论他的焦虑和痛苦；另一方的科学家们反复谈论他们的中微子，与悲怆的诗情毫不相关。所以每个人都禁锢在自己的时代里。

而我对卢克莱修作品的重读既还原了他自身特有的拉丁气质，又赋予了他双重的“当代性”。因为古代的地中海缺少水源，所以人们总是在思考流体，因此我们的科学很早就走出固体力学的单一思考。这构成了一场特殊的历史相遇。因此，可能在您看来，我超脱于时间之外，进入一种随心所欲的“同时代性”，能够在诗的时代和我们的科学时代之间做一条火花耀眼的“短路”，其实我是对传统和 1991 年[①]的科学重新确立了它们真正的意义，一种“二”与“一”的意义。

文本的经院派研究究竟被桎梏在哪一个时代里了？科学和文学之间的分野已经被凝固、被拉开，以至于这两门永恒的知识彼此怒目相视，犹如大门口的两座石狮子。

拉图尔：这是一幅完美的讽刺画。

塞尔：这幅讽刺画到处可见，它让人们越发难以忍受卢克莱修以及其他众多思想家的传统研究方法：在拉丁文学研究里，常用的研究方法很蠢，我在通行

① 塞尔与拉图尔的几次访谈发生于 1991 年。

的翻译中发现了多少曲解的地方！在科学研究里，常用方法又很荒诞。因此我试图让两者“接合”（rapprochement）的方法是为了真实地把它们带回我们的时代。

过去从未过去

拉图尔：您的思路有点过快了。我认为，时间问题是影响理解您思想的重要因素。之所以他人的过去会变得空无，凝滞于时间中，是因为我们总是假设过去已经过去。

塞尔：这个说法很精辟。我们之前把它们称为“割裂”（coupure）：在卢克莱修的原子和皮兰的原子之间，在神秘的古代和当代的科学之间，出现了一种断裂，它让过去一去不复返，又让当下确凿无疑。我一直认为这个论点具有宗教意义：在远去的古代和新纪元之间发生了一个事件，宣告了新时代的诞生①。

拉图尔：您的意思是，关于认识论断裂的理性思考本身是一种古老的想法吗？

塞尔：请允许我就“进步”说两句我的看法。我们把时间理解为一条不可逆的直线，中断也好，持续也罢，无所谓，关键它是一条知识和创新的直线。我们

① 此处，塞尔意指基督诞生。

从知识普及走向新的发现，然后一路向前，纠正错误，像乌贼喷墨汁一样，把一系列错误抛在我们身后。嚯！我们最终进入了“真”。我们永远无法证明这一时间观点是否正确。

但我总是禁不住把这种时间观类比于地心说或银河系中心论这样的古老图解，我们今天对这些观点嗤之以鼻。它们曾极大地满足了我们的自恋情结。在空间中，我们喜欢把自己定位于中心，万物和宇宙的中心；而同样在时间维度上，我们相信借助于进步，自己可以永远处于发展的完美巅峰。因此，我们基于朴素、平庸而天真的理性认为自己活在当下。在我眼中，关于“进步”的思想勾勒出的发展曲线在时间中描绘或映射出我们的虚荣，在空间中借由中心位置投射出我们的自命不凡。我们不是居于世界的中心或中央，而是处在巅峰、顶点，在真理的最真处。

这种认知图解不仅让我们永远正确（是的，“永远”，因为当下永远是真实和时间的尽头；“永远”成了历史进化论的美妙悖论），而且是最最正确的那种。可是，在我看来我们必须怀疑那些宣称永远正确的人或理论：这种人不可信，这种理论不可能。

拉图尔：对我这样一个普通读者而言，您的证明之所以令人难以置信，是因为我们无法把卢克莱修当作一个当代人，因为很显然他的科学思想已经过时了。科学家和认识论者一直持有一个观点，即在他们之前不存在科学思想。

塞尔:学者常常和笛卡尔的想法一致:于我之前无人思。这一笛卡尔效应是一个有效且具说服力的好广告:在我说出之前,没有人想到过。虽说这一论断驳斥了长青哲学(Philosophia perennis)[①],但依然很荒诞。

拉图尔:这一哲学观点使过去彻底远去。很显然,对于我们现代人而言,当我们在时间中前进时,每一步都超越了前一步。

塞尔:但这不是时间。

拉图尔:您必须得和我们解释这一点:为什么这种时间行进形式不是时间。

塞尔:这不是时间,而只是一条简单的直线;甚至连直线也算不上,只是在学校里、奥运会上或是诺贝尔评奖会上争夺第一名的跑道。这不是时间,而只是一场竞赛而已,甚至是一场战争。为什么用争抢去代替时间性和持久性?作为对第一个达线的人或战斗赢家的奖励,他们获得了一种权力:他可以重新书写有利于自身的历史。和辩证法一样,只不过是表面的逻辑。

往深了说,确实只有时间能把彼此矛盾的两个事

① 又称长青主义,是宗教哲学的一种观点,各门宗教传统尽管有天壤之别,但终有一个共同点,分享一个单一和普世的真理,构成所有宗教教义的基础。

物相兼容。例如，我可以年轻，也会年老。只有我的人生、我一生的时间和它持续的岁月可以让这两个状态彼此协调。黑格尔的错误在于颠倒了这一显而易见的逻辑，他认为是矛盾产生了时间。而事实上他说反了，是时间让矛盾成为可能。从此出现了各种对历史之母"战争"的荒唐言论。

不，战争首先只能是死亡之母，然后才永久地成为战争之母。它只制造虚无，并繁殖自身。无止境的破坏，然后是永恒回归的论战。历史反复证明，那些不相信直线时间图解的人往往是对的。

所谓某代人之前无科学的假设否认了一切的时间性，否认了所有的历史。

事实上，传统往往把一些鲜活的思想带回到我们身边。

拉图尔：请原谅我，但您的这种想法是从何而来的呢？

塞尔：我能再回头说说我的成长吗？我修过拉丁语和希腊语的古典学本科课程，也接受过科学的培养，我通过了高中毕业会考，又拿到了数学本科：我的整个一生从没有放弃过这两条道路。我一直在同时读着普鲁塔克[①]和物理学家的书，因为我拒绝把科学

---

① 普鲁塔克(Plutarchus，约 46—120)，罗马帝国时代的希腊作家、哲学家、历史学家，著有《希腊罗马名人传》。

和文学分割开来，分离的思维显示出“当代”思想下的时间观。

拉图尔：分割？是指科学和文学的分裂吗？

塞尔：是的，启蒙时代致力于把所有不能被科学塑形的理性都丢弃到非理性里。但我坚持认为，蒙田或魏尔伦的作品中的理性并不比物理或生物化学的理性少，同样地，有时候散落在科学里的荒唐想法也一点不比某些梦境少。从统计学看，理性分布于各处：没有人可以宣称独家掌握它。

而这种分离的想法回响在图像中，在人们对时间的想象中。在时间里，我们不是把某种学科判处有罪或把它排除，而是把某样事物归结为古代或过时；我们不再说它“错了”，而是说它“过时”或“老套”；古人做梦，今人思考；古人吟诗，今人做实验，效率高。所以这实际上就是排斥，并把排斥投射进想象的时间，甚至是霸权的时间里，便成了历史。时间的分裂等同于学科的互斥。

一方是逐渐消失的文学家，他们古老的文化与属于诗歌的古老时代相连，已经无用武之地，而另一方是科学家——唯一属于当代的人，他们真正谈论世界、大脑、数学和物理。您很了解美国，您知道美国人早就乐呵呵地把欧洲丢入庞贝古城或者大教堂时代里。精辟概括就是：我们今日大步朝前，你们死守博物馆。历史为了标榜自己给出了一个精彩的真实效应(effet de réel)①。

20世纪初的学者还没有意识到学科的分离。让·皮兰在《原子》一书开头还引用了卢克莱修的话，甚至从他的拉丁语作品中受到启发，重新思考了经验或观察。我们可以在他的作品中看到大量对卢克莱修的评注。再举个例子，拉普拉斯在他的《天体力学》开篇回顾了从古希腊到他所处时代的所有力学家。

拉图尔：您的话会带来新的混淆。拉普拉斯或皮兰是对以往知识的总结，这种总结显示出随时代而增长的理性。所有的科学家都会简要概述知识的发展史，这让他们在数个世纪的科学探索之后可以高居理性的巅峰。

塞尔：确实，您说得很对。这正是我的意思。

拉图尔：但就我的理解，您看待过去的方式与理性的上升发展无关，是吗?

塞尔：是的。

拉图尔：一个是科学和人文学的分野，另一个是一去不复返的、被消除了的过去和自视独占理性的当下之间的分野。这两种分野之间有什么关联吗?

塞尔：这发生在18世纪，那个时代试图把所有不属于科学的东西都从理性中清除出去：这是一轮科学

---

① 为20世纪法国文学批评家、符号学家罗兰·巴特在1968年提出的术语，为文学创作手段，其功能是给读者制造一种文本在描写现实世界的印象。

对全部理性的大收购。于是，无论是宗教、文学还是古典学都不再具有理性，历史或过去也同样都被丢弃到非理性的行列中。19 世纪的“狂飙突进”进一步确认了这一大分裂，把所有的文学运动都圈定在神话和梦境的范围里。科学史、认识论、学者，甚至平民百姓都深以为然，于是产生了我们常见的历史图解：非理性先行，理性后至。如果这不算偏见，我们还能称呼它为什么呢？

但是，即便与之对立的偏见也不见得更明智，它声称我们已经全然忘记了一种原初的直觉，只有古希腊某些前苏格拉底时代的哲学家才感受和发展出这种直觉。它来自那些最瞧不起科学和技术的人。完美的对称，又回到了之前的两只怒目相视的石狮子！

要是历史的时间难题能如此轻易解决，它早就解决了。

拉图尔：可是您，您认为持这些立场的人都注定走进了死胡同，他们没有看到历史恰恰是在反复重提过往的论据和哲学观点。

塞尔：是的。

拉图尔：所以您想逃离这两种立场。

塞尔：无视过去恰恰会常常重复过去。有多少次，当我们读一本书的时候，陶醉于某些新发现，作者吹嘘自己终于摆脱了以往的思想窠臼或是以往的感受和领会方法，但其实他在无意识地重提过去而不自知！我们可以给出太多例子。

不要评断，不要无评断

拉图尔：说到这儿，我有一个问题：您的论据和巴什拉以及康吉莱姆的官方科学哲学的基本立论完全相反。然而至少在法国，所有的科学家都认同他们的哲学。康吉莱姆认为历史和认识论的区别非常明显。历史记录事件，哪怕是虚假的事情。而认识论的责任在于判断，去伪存真。您对时间流逝的定义与法国通行的认识论规则毫无关系。

塞尔：说句公道话：康吉莱姆曾经写过一篇关于奥古斯特·孔德的文章，他在文中赞美孔德没有忽视最古老的事物，即物神崇拜的时代。

在我放弃认识论的同时，也远离了一切评断的立场。批评从来不是生产性的，对科学的评价也是不可能的，因为科学发展瞬息万变。尽管体制内推崇批评，但它始终过于轻巧、暂时和短促，很快便过时了。如果说昨天的真理会变成明日的错误，那么同样，在科学中今天被判定的错误也许会很快或不久后出现在伟大的发现中。

此外，像尊重理性一样尊重所谓非理性的内容，这也是一件激动人心的事，哪怕我们需要对理性进行重新定义。比如，在卢克莱修、作家、诗人、小说家或神学家那里找到一种真正的科学。他们中有成千上万人自认为是理性主义者。

拉图尔：所以认为他们已经过时的想法不可取，同时也应该认识到从科学的现状出发进行评判是不可能的，对吗？

塞尔：是的，不可能从所谓的今日之科学现状出发进行评判。除了活跃于科研创新一线的发明者们，有谁可以断言科学现状就真的是当代的呢？这个问题以及要回答它所带来的巨大困难让萨特所说的“介入”变得可疑。到底什么才算我们这个时代的，您能告诉我吗？

拉图尔：而且我们要认识到在无视非理性的同时，可能已经在重复比非理性更古老的论点了。

塞尔：正是如此。

拉图尔：但是这么做会完全错乱各个时代。

塞尔：说到底，这是缺少文化的表现。当您把属于理性的以及拥有评判万物的权力集中到一个岛上时，您就丢弃了所有剩下的东西——其余您一无所知的东西，以至于您根本不知道您有可能去重复它们。遗忘导致重复。

拉图尔：所以您的游走原则是……

塞尔：和遗忘抗争。所以您刚才指责我遗忘历史，完全是说反了。换言之，到底是谁在真正讲述历史？

拉图尔:是的,但我们又碰到另一个问题:您的历史并非巴什拉意义上的,也就是说它不是被认可的历史(histoire sanctionnée)①。

塞尔:不是,因为我悬置了一切评判。您有没有注意到,"被认可"一词同时来源于法律和宗教,与"圣化"(sanctifié)相关。

拉图尔:此外,您的历史也不是历史主义者眼中的历史,因为您无意重构生活于某个时代的人眼中的历史本来面目。您对此不感兴趣。您要的既不是认识论学者那里被认可的历史,也不是历史学家那里一种崇古的、历史主义的、文献堆里的历史,因为您要的是过去的历史在当下的重生,是吗?

塞尔:是的。再说卢克莱修的例子,当代物理学至少可以让人们以另一种方式、一种"曲线重读"的方法发现他的思想中依然活跃的当下元素。这里,何为"曲线"呢?如果您还是用原子来翻译原子,您没办法走远。您必须稍微朝边上"偏"一点,或更总体地来看"湍流"机制。19 世纪,威廉·汤姆森②还把原子看作

---

① 巴什拉区分出两种历史,一种是过时的历史(Histoire Périmée),另一种是被认可的历史(Histoire Sanctionnée),认识论在于通过两种历史之间的断裂和相连的关系建立起一种关于科学的意识形态。

② 威廉·汤姆森(William Thomson,1824—1907),又称开尔文勋爵,英国数学物理学家、工程师,也是绝对温标的发明人,被称为现代热力学之父。

是一种流体涡流。所以我唤醒的是有两千年历史的传统，而它被人们遗忘的时间却不到百年。它们不一定来自遥远的古代。那些好像被遗忘很久的东西有时候就近在咫尺。这就是我所说的时差。

在这一点上，最优秀的笛卡尔主义者也已经遗忘了笛卡尔。我想说，笛卡尔比牛顿更好地宣告了现代物理的诞生，但直到昨天早晨，牛顿应该在我们的先辈眼中更接近现代。是的，漩涡论超前于万有引力理论，它绝非莱布尼茨所说的仅仅是一部美好的物理小说[①]。星系的天空、气候学家的天空，甚至是粒子的空间都越来越贴近笛卡尔的理论：遍布漩涡和湍流。

拉图尔：是的。可是说到活跃的时间，您也并非基于历史学家的立场。您在您的任何一本书里都无意“重构卢克莱修所处的文化环境，找到他可能看过的书”。您不想利用历史从我们当下的零度时间开始穿越，把我们带往罗马人的时代。

塞尔：是的，我对此不感兴趣。

拉图尔：您的兴趣一直是逆向而行。您看准卢克莱修，然后跳过那些断言卢克莱修已经过时的哲学家，把他带到当今物理学的假设中来。

塞尔：正是如此。此外，还有方法、策略或计谋，

---

① 莱布尼茨曾经评论笛卡尔《世界（论光与论人）》一书中的世界观，说它是“漂亮的虚构”和“美丽的小说”。

用以回答另一个问题——关于失去的问题。万事皆有代价,但在科学的发展过程中,我们极少评估获取的同时究竟有多少文化在大量流失。文学正在流失,而与此相对的是科学地位的极大巩固,无论是在其内容还是在其体制上都是如此。

因此我想当着所有科学家的面书写《保卫和发扬人文学》的宣言[①],为了他们,驳斥他们。我要对他们说:卢克莱修的思考比今天许多的科学家更深刻,甚至更理性;像左拉这样的小说家在热力学建立之前就发明了热力装置,他在尚不知热力学为何物时却把热力学写进了小说;再读魏尔伦的那首诗,它让我们看到在诞生之际的理性,并在经院理性面前阐明它。

拉图尔:是的,但这里有一个双重难题:您重新使用的作家或文本都是被认识论者禁止的或被认为是过时的……

塞尔:舒曼曾经笑着说,如果有人对您说贝多芬已经过时,您就去听听说这些话的人的音乐,他们常常是平庸的作曲家。

拉图尔:但与此同时,您没有拯救那些通常被划入人文学研究领地的文本,即历史主义领地的

---

① 16世纪时,由法国诗人杜贝莱执笔代表"七星诗社"撰写《保卫和发扬法兰西语言》,作为七星诗社的宣言书,主张统一和丰富民族语言,提高法语地位。在此塞尔借用这一著名篇章的名字表达他重振古典文学的立场。

文本。

塞尔：有时候，但不经常。

拉图尔：您从来不说："至少要看到这些文本的差异和怪异，尊重它们，把它们看作对一去不复返的过去的有趣见证。"您要的不是异在性……

塞尔：确实如此。

拉图尔：它们的过去和差异并不抹除它们的现实性和合理性。您不会像历史学家或民族学家那样去尊重它们的差异。您把它们和更为现代的理论放在同一层面上考察。

塞尔：是的。

拉图尔：但显然是有风险的……

塞尔：风险在于既不为拉丁文化研究者理解，因为他们对流体动力学嗤之以鼻，也不为科学家所理解，因为他们嘲笑"克里纳门"。这就决定了研究者的孤独处境，但没有太大关系。重要的是要坚持正确的道路，研究之人有谁不是形单影只？

拉图尔：这个问题我们也需要谈一谈。

塞尔：职业风险的确一直存在，我们必须付出相应的代价，即一方面人文学者可能再也认不出他们熟悉的卢克莱修，而另一方面科学家对这样的历史也不感兴趣。

除非这种局面有所转变，"湍流"理论家开始说："是的，的确，卢克莱修思想里有过这类东西。"除非每一次重大发现都能突然揭示出一个隐藏在新近隔阂后面的智慧过去。每前行一步，就有新的记忆被找回！每一个创新既揭示现实，又唤回历史。

拉图尔：我们再回到这一点上。当下的时间能够形成一条“短路”，连接起两类人群，一类人宣称时间业已过去，凝滞不动，另一类人声称“尊重时间性的唯一方法是历史学家的工作”。可以这样定义您的工作。

塞尔：几乎可以说是让死去的文本死而复生。然而，大学进行了最大化的分科教育培养人才，一方面是科学家，另一方面是纯粹的文学家，原本是双入口的信息通道越来越难走。

拉图尔：在谈论这一点之前，我想确认一下是否真正理解了您刚才说的话，即您感兴趣的时间的特殊流逝机制，这恰恰是站在人文学和科学的分离机制的对立面。这一分离迫使人文学成为历史主义，满足于残留的过去，想方设法在它们的差异性上做文章；而科学则是巴什拉意义上的一种即时哲学，即科学完全取消了自己的过去，否认了它走过的每时每刻和年复一年。

塞尔：是的。

拉图尔：所以两次出现的是同一问题，既要解决时间问题，又要解决科学问题。

塞尔：这是个跨学科问题。

另一种时间理论

拉图尔:但是这难道不是假设了另一种时间性，即一种审视时间流逝的非现代方式吗?

塞尔:正是这个根本问题。无论是我们所谓的精妙的科学假设,还是历史主义的假设,两者都预设了时间的线性发展模式,也就是说确实在卢克莱修和今天的物理之间存在巨大的鸿沟,跨越几十个世纪的距离。不管说时间是累积的、持续的还是断裂的,它都是线性的。

拉图尔:持续更迭，或是认识论学者眼中，甚至是福柯眼中的一系列接连不断的革命。

塞尔:对。然而事实上,时间比线性更复杂一些。您可能了解混沌理论,它对自然界中的存在的无序状态通过吸引子①进行解释,或有序化。

拉图尔:是的。所以，偶然依然是被决定的，无序也是被隐藏其后的秩序所规定的。

塞尔:正是如此。但秩序比您说的更难把握,而我们通常所说的决定论在此也发生了变化。时间并不总是沿着一条直线流逝(我关于这一点的最早直觉

---

① 吸引子,微积分和系统科学论中的一个概念。一个系统有朝某个稳态发展的趋势,这个稳态就叫做吸引子。

可以在我关于莱布尼茨的书[1]的一章中找到，第284—286页），也不是顺着一个平面演进。时间模型是极度复杂的，有很多的断点、断裂、深井、加速管、裂缝和空隙，地形分布完全随机，至少看起来相当无序。所以，历史的发展确实像混沌理论所描述的样子。当我们理解这一点之后，就比较容易接受时间并非总是线性发展：在文化中可能存在一些在线形时间上看上去很遥远，但在实际上很接近的东西，或者看上去很接近实际很遥远的东西。人们认为卢克莱修和现代流体理论是天差地别时，而我却看到它们彼此相邻。

要解释这两种视野，我们确实需要厘清时间理论。传统的时间理论是线性时间，它或持续或中断。而我的时间更像是混沌时间，它以极度错综复杂且难以捉摸的方式流逝……

拉图尔：*所以并不是您穿越时间远游，而是这些元素在混沌时间内变得近在咫尺，是吗？*

塞尔：的确如此。时间是一个悖论，它或折叠或扭曲。这种多变性可以类比于炭堆上舞动的火焰：这儿一处被中断了，另一处又垂直蹿起，灵动而出人意料。

法语是一门智慧的语言，它使用同一个单词指称

---

① 即塞尔于1968年出版的《莱布尼茨的体系和他的数学模型》。

大气状态的天气(weather)和流逝的时间(time)[1]。往深了说,两者是一回事。气象学的天气可预测又不可预测,也许有一天可以用一些特别复杂的概念来解释天气:涨落(fluctuation)、奇异吸引子……然后人们才可能会理解,历史的时间比这个更为复杂。

拉图尔: 总之,时间不会流走。

塞尔: 不,它会流走,但同时又不会流走。必须把"流逝"(passer)和"漏勺"(passoire)一词联系起来:时间没有流走,它是过滤了。我的意思是它流逝了又没有流走。我很喜欢"渗流理论",它对时间和空间提出了一些明确、具体且具决定性的新想法。

法语"流淌"一词(couler)来自拉丁语"colare",后者的意思正是"过滤"。在一个过滤器中,某些通道畅通,而另一些却受阻。

拉图尔: 但时间并不是流体的形状,它不是液体。

塞尔: 谁知道呢?

拉图尔: 它可能是湍流,但不呈现为线形。

塞尔: "米拉波桥下,塞纳河水流……"[2]您瞧,这是古典的线性时间。但阿波利奈尔至少从来、从

---

① 在法语中,"temps"一词多义,既可以指天气,又可以指时间。

② 《米拉波桥》是法国诗人纪尧姆·阿波利奈尔创作于1912年的诗歌。

来……从来没有在风平浪静时泛舟塞纳河上，他没有好好观察过塞纳河。他没有发现逆流或湍流。是的，时间就像流淌的塞纳河，但您必须仔细观察。不是所有经过米拉波桥下的河水都一定会流入英吉利海峡，许多条细流会折返沙朗通(Charenton)①，甚至返回上游……

拉图尔：它们不是并行流淌的细流。

塞尔：不，不是所有的河水都是层流性质的。现在通行的理论假设时间无所不在，且总是层流式的。时间流彼此间存在固定且可度量的距离，这种距离至少是稳定的。于是有一天，人们就称这是永恒不变的真理！不，它既不真实，也不可能，时间的行进是湍流和混沌的，是过滤。我们在历史理论中遭遇的所有困境都源自我们以这种不充分且天真的方式来思考时间。

拉图尔：所有的神学家都同意您的观点。

塞尔：真的吗？也许正是这个原因，我非常欣赏佩吉②的作品。

拉图尔：是指《克利奥》吗？

---

① 全称沙朗通勒彭(Charenton-le-Pont)，是位于巴黎塞纳河右岸的市镇名，在塞纳河和马恩河交汇处，塞纳河在此进入巴黎城。

② 夏尔·皮埃尔·佩吉(Charles Pierre Péguy, 1873—1914)，法国作家、诗人、文论家，作品中有很大一部分受到中世纪神秘主义的启发。佩吉死后的1931年出版了《克利奥：历史与非教徒的对话》。

塞尔:是的,《克利奥》。我在书中很明显可以看到湍流状态的时间。

因此,您会明白卢克莱修与我们的距离有多近,就像邻居一样;而相反的,一些当代的事物反而离我们特别遥远。

拉图尔:这是一种奇怪的拓扑空间,您借此来理解时间。

塞尔:在卢克莱修那里有关于湍流的总体理论,可以让我们真正理解这一时间观。他的物理思想在我看来非常先进。和一些当代科学一样,他的物理思想为构建一种时间的混沌理论提供了希望。

拉图尔:所有人都听过您的这番见解,但没有人相信。

塞尔:一些相当简单的数学知识也可以毫不费力地说明这个道理。一些数论会重新排列数列,使得一些本来靠近的数相隔甚远;而相反地,一些原本距离遥远的数会彼此靠近。这很有意思,也有启发意义,能有效改变我们的直觉。您一旦采用这种思考方式,您会发现我们直至今日通行的时间理论对时间的简单化思考有多么过分。

更直观地想,时间还可以形象化为一种褶皱物,一种可多样化折叠的多变体。我们思考两分钟就会发现这种直觉比认为时间是彼此间隔稳定的动态物的想法要更清晰,更能说明问题。1935 年后的纳粹在世界上科学和文化最昌明的国家肆意开展最古老的野蛮行径震惊世人,可我们确实一直不断地在同一时间采取古老、现代和未来的行为。我之前用汽车零件打了比方,汽车零件可以生产自不同的时代。同样,无论哪个历史事件都是多时态的,可以同时与过往、当下和未来相联系。因此,这个物体或这个境况可以聚合不同时代,呈现出多时态,展现出一种凹凸不平且可多样化折叠的时间。

拉图尔:您解释了我本想请您解释的《第三个学习者》(*Le Tiers-Instruit*)中的一句话,正是关于非度量的多样性。您说:“我一直以来利用这种可称之为拓扑的抽象过程,主要任务在于描述非度量的多样性,在此即为网络。”

塞尔:是的。您拿出一块手帕,把它展开、熨平,您可以在上面确定各种远近距离。您画一个圈,可以相对于圈上某一点标记出相近的点,也可以量出远的距离。我们再以同一块手绢为例,您把它揉搓一番,再放到您口袋里:距离远的两个点一下子靠在一起,甚至重叠在一处。如果您把它撕成几片,原来两个彼此接合的点可能一下子相隔遥远。我们把这种邻近和撕裂的科学叫做拓扑学,而把可以确定固定距离的科学叫做度量几何。

传统时间观与几何相关,但并不是柏格森总结的那种空间几何,更确切地说,传统时间观对应的是度量几何。现在请您从拓扑学的角度看,您可能会发现这些曾经在您眼里随意的靠近或远离其实非常严谨。靠近和远离都很简单(simplicité),用"折叠"(pli)①一词的字面意思来解释,仅仅是拓扑学(被折叠、被揉搓成的破手绢)和几何(被熨烫平整的同一块手绢)之间的区别。

无论是身体内在感官感受到的时间,还是在自然界的外部感受的时间,无论是历史的时间(temps)还是气候学的天气(temps),它都更像是被揉皱的多样体,而不是简单化的平面。

诚然,我们需要后者进行计量,但怎么能就此归纳出一种整体的时间理论呢?我们通常混淆了时间和时间的测量,后者即直线上的度量。

拉图尔:所以,您的数学模型并非度量数学?

塞尔:可以轻易把它变成度量数学:在手绢上画上像笛卡尔坐标系那样互相垂直的坐标系,您可以确定距离。但如果您折叠起手绢,马德里和巴黎之间的距离一下子消失了,而相反地从万塞讷到白鸽城②之间的距离却变得无限远。

不,时间并不像我们以为的那样流逝。我们通常思考时间的方式是一种本能的思维,它模仿的是自然

① "简单"(simplicité)一词中包含了"折叠"(pli)一词。

② 万塞讷(Vincennes)位于巴黎西郊,而白鸽城(Colombes)位于巴黎西北部城郊,两者距离非常近。

数列。

拉图尔：所以您并非发明了这些接合(rapprochements)，而是确认了它们，是吗？可是在一个现代人看来，过去的时间已经落到他身后，已经过去了。

塞尔：古代元素总是伴随我们左右，比比皆是。正如我所说，卢克莱修依然在前沿！

我来跟您讲个故事吧。您听说过吗？几个年逾花甲的兄弟围坐在他们父亲的遗体边守灵，为他们30岁(可能甚至不到30岁)的父亲服丧。他们的父亲曾经是一个向导，有一次意外掉进高山裂隙中丧了命。半个多世纪之后，因为山谷的冰川运动，他的遗体重现世间，并在冰冷的裂隙中保存完好，还是年轻时的模样。可此时他的孩子们已经年迈，他们要为这具依然年轻的遗体下葬。这是发生在山区的一幕，此时时间完全错乱了。在我们这里，这种情况的确很罕见，但是我们依然可以经常在……作者和对他的评论之间观察到这一现象。艺术、美、深邃的思想比冰川更能永葆青春！

您看，在时间问题上，一段质朴的故事和新兴的科学之间在创造新的哲学方面有多么契合。

拉图尔：正是这种奇怪的人生纪年和哲学思考让您不同于现代人，并且解释了很难读懂您的作品的原因。

塞尔:我们的行为有四分之三属于过去。极少有人完完全全只属于他所处的时代,要说思想那更是罕见了。您还记得我们刚才说的当下吗?

拉图尔:但这么说还不够,一个现代人也会有此看法,但他的意思是,过去是危险的,需要被压制,它一不小心就有可能直扑我们面门。而您对过去则持有积极肯定的看法。

塞尔:为什么要徒劳地压制过去呢?过去就在那儿,大部分情况下我们根本不需要用气泵这种真正过时的工具去压制它。

拉图尔:您认为过去并不是需要摆脱的残余物,比如这也是巴什拉的观点。

塞尔:可能吧。一切取决于我们理解时间的行进方式。

赫尔墨斯,接合之人

拉图尔:这是一个条件,但不足以帮助我们理解您的作品。例如,刚才您告诉我们卢克莱修那里"也"有流体动力学的时候,我们会想:"夸大其词"。因为为了这个"也"字,我们要跨越的时间距离按人类对时间的标记方式计算,足足有两千年。我认为这是消除对您作品误读的关键。当我们深以为然的时候,我们会说:"塞尔的接合操作真是出人意料，把问题说透了啊。”但如果我们不喜欢这个观点，我们会说：“塞尔在牵强附会”，然后批评您的作品像诗。我们谈过了您的时间观，它现在完全具有说服力，虽然它很难懂，但还是可以理解的，现在让我们进入……

塞尔：最难的并不一定是无法理解的。

拉图尔：让我们进入第二个理解难点。我们知道，“保卫和发扬人文学”强调的是差异，要求重构罗马和罗马人的生活，并把卢克莱修放置在他所处的历史语境中考查。您和佩吉都对这种历史重构十分不满。这种历史的重构无法通过考验，也就是无法通过您的考验、塞尔的考验：是否被视为非理性的过去不可能被历史性地重构，而且它和最新的、最当代的理性一样坚实有力？ 我有理由相信这不是历史主义，根本不是。

塞尔：卢克莱修可以作为检验或考验——可能这并不是您想问的问题——当他区分出流体力学假设和阿基米德假设，一切都清楚了，这个思想可以经受住最严苛的学说的考验。我们没有注意到他已经在整个作品中深入谈论流体，就像柏格森一样。据我所知，柏格森对卢克莱修也是青睐有加。即便是用最严格的文本解释标准看，他的方法也比通行方法有效得多。我们甚至还能据此发现很多的翻译错误。

所以您是问我“什么条件促成了接合？”对吗？

拉图尔:是的，我明白时间，即您说的那种揉搓后的时间,它是个大前提。

塞尔:折叠和褶皱的时间。

拉图尔:然后有一个关于检验的问题。什么条件促使您进行接合的操作?这是您的读者遇到的一大困难，他们可能会感觉到您随意联系，牵强附会。关键是我们想知道您提取了什么算符，它一般是一种形式、一个最小结构，它并不囊括所有卢克莱修的思想，而是从中提取出某些元素:一个单词、一个词源、一个论据或一个结构?我明白，时间的组织模式保证了元素之间的接合，虽然在我们这些步行者眼中它们相距遥远。那么这个把一小部分卢克莱修思想和一小部分物理连接在一起的小结构或关键点是什么呢?

塞尔:您是问我用什么来做连接吗?

拉图尔:是的，也就是说工具，真正的锤子和螺丝。

塞尔:工具?好吧,今天的物理学完全是数学化的,否则我们无从谈论。但是卢克莱修的物理思想并非如此,他是纯诗意的,而不是物理。我以前研究阿基米德的数学,他的数学被人们认为不具系统性。我们不明白阿基米德为什么可以从一个定理跳到另一个定理,从螺旋原理开始,最后到了流体静力平衡。而在欧几里得那里一切都很明朗:通过演绎,一切皆成体系。但是在阿基米德那里没有明显的体系。但在我重读阿基米德之后，我开始发现他的文本和理论的构建完全是遵循着卢克莱修的物理模式。这就是接合：一边是物理模式，另一边是相应的数学体系。妙啊！

换言之，古代的物理并不像今天这样数学化。两个系统彼此相望，共同描写同一个世界：一个是阿基米德运用数学定理描写的系统，另一个是使用日常但又极为精准的语言描写的系统。这两个系统具有同一个对象：湍流、涡流，它们的螺旋形态和流体性质，总之是它们的构成，并由它们的构造出发研究世界的构成。

现在发生变化的是数学化的风格和方式，但不变的是数学化本身。数学化在于体系与体系之间的对应，而非测量或量化的方法。这再次证明它是非常现代的东西。

拉图尔：您曾多次将接合者称为“赫尔墨斯”。首先这里有第一个赫尔墨斯主义，它具有积极意义，决定了您自由的研究方法。赫尔墨斯在这里是一种自由中介者的形象，漫步于折叠的时间里，建立起联系……

塞尔：您也采纳了这个名字。

拉图尔：但赫尔墨斯一直是一个论证者。您的目的一直是通过接合最终阐明文本的意义。这种接合不完全是出其不意的，它其实通过在折叠时间中的相邻关系证明其有效性。这一点我很清楚，就是隐喻，是隐喻的游戏。但在我看来，这里还有第二个赫尔墨斯主义，它包含前者，又否定前者，即秘传意义上的赫尔墨斯主义，他完全神秘，不做任何中介，消除中介，我称之为“卡特里派”的一面。

塞尔：我不同意。我们必须设想或想象一下，当赫尔墨斯收到神的旨意之后，他是如何带着这些信息飞行或出行的，或者想象一下天使是如何飞行的。为此，要先描写两个已定位的物体之间的空间，借用我的第二本“赫尔墨斯”系列的书名，就是“互涉”(interférence)①空间。神或天使在折叠的时间里经过，产生出数以百万计的连接。“之间”(entre)②一词曾经在我看来是一个极度重要的介词，至今依然如此。

您看一只苍蝇飞来飞去：时间有时候不就是沿着一些裂隙和折痕在流逝吗？这些裂隙和折痕好像是苍蝇飞过的轨迹，或正是在飞行中产生的。所以在《罗马》③一书中，我以自己的方式描写了面包师如何让面团变形(第87—92页)：将一个平面对折，根据这个简单规则进行无数次反复操作，可以产生类似苍蝇

① 即塞尔1972年出版的《赫尔墨斯II互涉》。
② 法语介词，相当于英语“between”。
③ 塞尔1983年出版的作品，全称《罗马：基础之书》。

或马蜂飞行的轨迹，我说的是魏尔伦著名的十四行诗里提到的狂舞的马蜂①。

拉图尔：但是这篇有关苍蝇飞行的文章并不能帮助我们理解您！

塞尔：我们在一些最简单的练习里经常说：解释，就是打开褶皱。这张图极其复杂，无法理解，看上去又混乱又随机，但面包师揉面团的动作却非常好地解释了这个问题。他在制造褶皱，"暗含"（implique）某物，而他的行动又同时在展开"明释"（explique）此物。最简单、最日常的行为可以产生非常复杂的曲线。

中介者、赫尔墨斯、天使和作为各门科学之间、科学和文学之间中介的我自己，都不得不沿着这些曲线飞行。在这里，看上去无法理解的东西有时候却是由一些清晰无比的原因或源头引发的。

时间不是一条时而持续、时而被战争辩证法中断的直线，它更像是魏尔伦诗里狂舞的马蜂，所以我也对此无能为力。当中介者来到某处，他既像、又不像一个陌生人，他有一种"异"的效果。流体动力学家眼中的语法学家，混沌理论研究者眼中的拉丁语学者，或是拉丁语学者眼中的物理学家……这些人都显得很怪异。但卢克莱修这个我们熟悉的诗人身上却集合了所有这些人物形象，但我们今天的专业分类却把

① 保罗·魏尔伦《智慧集》中的一首诗，下文有详细解释。

这些身份都打散了。

另外,我们一直以为百科知识的空间是平滑和有序的,谁说的? 万一它像面包师手里变形的面团呢? 我们可能此前会先入为主地以为一些构成非常复杂的物质产生于偶然、噪声或混沌,我是指"混沌"一词原来的意思。但我们这个时代教会我们的最美好的一件事情便是解释这些物质,使之明晰。信使赫尔墨斯首先阐明了文本和"赫尔墨斯般的"[①]符号。信息战胜了背景噪声,得以传达;同样,赫尔墨斯穿越了噪声,飞向意义。

拉图尔:那么第二个赫尔墨斯主义呢?

塞尔:您所说的赫尔墨斯主义是一种"异"的效果和不可理解性,它并不来自任何偏执的孤独——请相信,我身体健康,心态平和且乐观——而是因为信使的常规工作。他远道而来,通知事件。信使总是带来一些新奇的消息,否则他就是一只学舌的鹦鹉。于是这一天,他为最错综复杂的地方带来了光[②],不仅是光的明亮,更是光的速度!

---

① 法语原文为"hermétique",词根来自"赫尔墨斯",意思是晦涩、神秘、费解。

② 法语中"光"一词与解释有关,解释某物便是把某物置于光下(mettre en lumière)。

数学家的方法

拉图尔:让我们再回到时间穿越的问题,时间折叠,产生接合,这是个隐喻问题……

塞尔:隐喻恰恰意味着搬运。这正是赫尔墨斯的方法:他带走又带来,所以是一种穿行。他创造,也可能因为类比(analogie)而失误。虽然类比是危险的,甚至严格而言是被禁止的,但我们不知道除此以外还有其他什么创新的途径。信使的“异”的效果正是来自这一矛盾:“搬运”是最好的,也是最差的;是最清晰的,也是最黑暗的;是最疯狂的,也是最安全的。

拉图尔:我想再了解一下阅读您作品时的另一个困难。所谓纲举目张,我们认为一旦掌握了结构,其他一切就由此得出,作为结论或是展开……您用了一百七十八种不同方法使用这一论据。您总是说:“一切都在卢克莱修那儿,整个物理学都源于此。”您认为结构足以确定整个情况。您的论据不仅像飞行的苍蝇那样直来直往,而且这只苍蝇还飞得很急。

塞尔:我马上告诉您为什么我很着急。研究哲学需要大量的学习,投入大量的时间。人生转瞬即逝,很快我就没有那么多时间做最重要的事:从一切已知中摆脱出来,投入创新。

拉图尔：这只苍蝇很"着急"，直奔结构。这正是我理解您的"赫尔墨斯性"时最头疼的，因为我并不是真正的哲学家。这只苍蝇只体现了"赫尔墨斯性"中介的一个侧面：快速移动。但它并没有体现出另一面，在这一面中，原则并不重要，重要的是整个儿的中介整体、扎根、定位、中间步骤的慢工细活，等等。您也没有展现给我们看。当然这并不是您的问题，因为您想快速行进。但这两个问题，即苍蝇的飞行问题，以及这只苍蝇要飞得快的问题，让您的作品很费解。

塞尔：速度是思想的优雅，它鄙视愚蠢、笨拙和迟缓。聪明人思考，语出惊人。智慧像苍蝇一样飞，只有愚钝者才会用可预见性框定自己。

为什么需要这样的速度呢？因为我的思考计划需要思想朝四面八方发散，所以我很急。因为人生太短，而我的思考又要行走八方……您现在相信我了吧？你们可以通过我的很多作品看到这项计划在如何扩展，并很快能看到我对这一计划的综合(synthèse)——本来我是想拒绝这几次访谈的，因为当时这项计划的规模性还没有体现出来——是的，行走八方：走过古典数学和现代数学(数学自身就是一个世界)，走过古代物理和现代物理、当代生物学……写《寄生者》《罗马》《雕像》的时候，走过所谓的人文科学……走过拉丁语、希腊语、哲学史、文学和宗教史。

我试图谈论那些最重要的时代：古希腊、古罗马、文艺复兴、17 世纪、19 世纪……我把行走八方视为一种不可逃避的责任和准备。但人们常说我通而不专、浅尝辄止，这种严厉的指责让我非常伤心。其实每次我接触一个事物，并非是一场无用之旅，接触就必须要创新，我将其视为权利和义务。每次我行至某处，我就努力留下一些真正独创的解答。我经过卢克莱修的时候也并不是跟在评论者后面拾人牙慧；我经过康德时发现他是第一个提出"永恒轮回"的人，这在康德研究者那里尚无人提出……所以我经过各处，必定行色匆匆。思考必须列出纲要才能节省时间。

拉图尔：就像一些登山运动员一次接一次开辟新的路线登顶。

塞尔：是的，他们得准备好降落伞，从山崖跳伞下来。速度必须要快。庆幸的是，虽然人生短暂，但我们的思想也可以疾如光速。以前的哲学家用光来隐喻思想的澄明，而我也想用它来形容，但不仅是强调光明和纯洁，更是要显示其速度。从这个意义上说，我们正在创造一个新的启蒙时代①。

我的第二个论据是数学教会人快速思考。任何人写下"x"的时候都可以表示 1、2、3 直至无穷大，有理数、超越数、实数和虚数，甚至是四元数，这大大节

① "启蒙时代"的法语"âge des Lumières"可直译为"光的时代"。

省了思考的时间。您可能会指责我说："仅仅有结构还不够，需要添加中间步骤。"但这不是数学家的思维。哲学家喜欢中介，而数学家却要消除它们。精妙的证明跳过中间步骤。是的，哲学家的思考太慢，我常常觉得它——用沙龙文化的语汇来说——太过矫揉造作，而数学思维所特有的速度能如闪电般直击目标。

您刚才所说的理解困难很多就源于这种速度。我很高兴能生活在信息时代，因为速度成了这一时代思想的基本范畴。因此，我们可以开始重新认识"光"。

拉图尔：您从数学那里学到了如何快速"穿行"，是吗？

塞尔：直觉率队先行，抽象紧跟其后，论证在后面扫尾，它步行而来，紧赶慢赶。"瞧，这儿，这个概念可以说明这个问题，你慢慢补充细节吧。"再见，我先走一步。如果我没有弄错的话，这样做至少没有伤害任何人。

拉图尔：您的方法中出人意料的地方在于它数学的一面，是吗？

塞尔：是的，为了在我提出解决方法的时候走得更快。

拉图尔：还得跟得上它。

塞尔：快！快！跟上！接着走下去。是的，我有错,我认罪,我切断了中间步骤,因为凡是最精妙的证明总是最精简的。

拉图尔:这一点非常重要。这一方法的形式就在速度里,而速度本身在某种意义上来源于数学。所以事实上,所有对您的批判完全是颠倒了:说您的研究浅尝辄止的批评根本不成立,恰恰相反,您的研究相当丰富。

塞尔:人们也是这么批评杜梅齐尔的。"去读读吠陀语的文本,"他说,"里面描写了用于祈祷的火堆。你们再想想古罗马广场和它曾经圣火不熄的灶神庙①,神庙的圆形建筑保存至今,而民间的方形建筑已不复存在。仔细看,火堆和灶神庙就是一回事。"他思维快速,绕过了时间和空间的中间步骤做了"短路"。

也许根本就没有中间步骤吧?比较学的方法预设了跳跃中间步骤。我做的有什么不同吗?

拉图尔:不,没有,但是杜梅齐尔用了几部作品才完成跳跃。

塞尔:确实,他在作品的各个地方会进行笨重和模糊的重复,以此减轻论证的速度感。

---

① 即维斯塔神庙,为圆形建筑。维斯塔(Vesta)是罗马神话中的炉灶、家庭女神,在她的神庙中燃烧着永远不能熄灭的神圣之火。杜梅齐尔在他的《古代罗马宗教》一书中把维斯塔神庙的圣火和古印欧民族的火祭仪式进行类比。

拉图尔:还有不少脚注，可以留下各种中间步骤。此外，他没有再另外涉及物理!

塞尔:确实,他一直留在一个领域里面,但他在时间和空间中疾速飞行。比较研究法靠的就是搭建“短路”。就像人们在电路中看到的,短路产生炫目的火花。

拉图尔:杜梅齐尔在单一领域内构建了接合，且偏执于仔仔细细地解释中间步骤。

塞尔:是的。

拉图尔:而您呢，您对跳过中间步骤有着一种偏执!

塞尔:既然谈到这一点,我想说在比较研究领域内,要处理或要编织的“思绪”都散乱在时间、空间和各个学科之间,千头万绪,绵延遥远。“之间”(entre)的空间是“互涉”空间,是跨学科的整体,到现在还是没有被很好地开发。当思考的东西相当复杂时,我们的速度必须要快。

不知道您有没有观察过科学界很时髦的一个词“界面”(interface)？界面假设了在两门科学或两个概念之间的连接处已经完全被掌握或被取消了,不存在任何问题。可我的观点却相反,这些“之间”的空间比我们想象得更复杂,因此我把它们类比为“南北通道”,类比为海岸、岛屿或残破的浮冰。硬科学和通常所说的人文科学之间的通道像犬牙差互的海岸,布满了碎冰,变化不定。您看过加拿大北部的地图吗?或者,这个通道就像我刚才说的苍蝇乱飞的轨迹。它们可不简单,它们像分形图;它们不是被掌握的连接,更像一段冒险的旅程。总之是一个极少有研究者踏入的空间。

风格,或以其他方式继续的数学

拉图尔:我觉得我好像越来越明白了。您把一种数学的论证模式带入哲学。在您看来,这是您最大的贡献。您所选择的元语言——我知道“元语言”一词用得并不好——是哲学论证。您是延续古老论证传统的技术派哲学家,但您的论证模式是从数学那里借用的。

塞尔:它来自代数或拓扑学,来自诞生于20世纪的结构数学。

古典数学和现代数学的这一场分离革命教会我的,以及这一场革命本身最大的亮点,就在于我们刚才所说的一系列“跳跃”:我们可以比较的东西一个来源于常见的代数定理,另一个则来自古老的几何或数论。这两个或三个相隔遥远、本来毫无关系的东西一下子成了“一家子”。谁使用这一思考或操作方法,谁就可以成为真正的结构主义者,虽然“结构主义”一词已经在这些方法中失去了其原有的意思和重要性。

拉图尔:这是您的比较研究法的技术基础。

塞尔:是的,或者更确切地说是我出发的起点。我从现代代数和拓扑学中学到这一点。这也是您认为的理解难点,因为我消除了中间步骤。

这一方法的优势在于形成了一种新的知识组织方式:风景焕然一新。在哲学上,对于一些彼此相隔遥远的元素而言,这种方法一开始会显得比较奇怪:它把一些彼此间极不协调的事物相互靠近。人们马上谴责我,怎么能把湍流理论和卢克莱修的诗联系起来,把热力学和左拉的小说联系起来,诸如此类。这些评论家和我看到的不是一样的风景,不是一样的远近关系。每一次知识的深层变革都表现出视角的巨大转变。

拉图尔:您自认为是一位严谨的比较研究学者,但人们对您最委婉的评论却还是:"不够严谨,但文笔不错。"如果我没理解错的话,您的风格一直是……

塞尔:速度,边写边走,从天涯一头到另一头。

拉图尔:是的,但没有这样的数学形式语言可以帮助您做到这一点啊?

塞尔:当然不是一直有。

拉图尔:所以您不得不因为一些哲学原因从数学转到风格?

塞尔:很高兴您能谈到这一点!我不得不放弃哲

学的古典风格或论证技术,因为据我所知,哲学里没有术语或操作法能帮助我应用这种数学方法。

拉图尔:是因为这些术语不够精确、不够快速吗?

塞尔:也许吧。我不得不创造一种新的词汇系统,但这可能会让事情变复杂。所以我决定逐步使用更多的自然语言,也就是日常语言。而当您最大限度地对日常语言字斟句酌的时候,您就创造了一种风格。

这就产生了诗的效果,也是我曾经遭受诟病或还在被诟病的原因。倒不是因为我看不起诗,而是因为这表明读者没有读懂我的作品。新的境遇就应该换一种新的语言,而我反复说过,我很反感古典语汇和技术重复,我说过原因了。

拉图尔:但那个负责选择风格的“超我”仍然是我们刚才回顾过的哲学论证方式。哲学拥有元语言,它被加工,以满足快速位移的需求,并以结构数学为方法或模型……

塞尔:比较研究法以及事物和时间的复杂性都要求快速行进,这是一种新风格。

拉图尔:但这样一来,人们对您思想的误解日益加深,以至惊人的地步!

塞尔:可是我一直尽可能用清晰明了的方式表述。

拉图尔：您的方法中的每一个元素都反其道行之。因为人们猜测您行走自在是为了规避方法的局限性，您尽可能远离数学，形成一种新的文风，不是出于技术原因，而是因为热爱文学。然而事实上，如果我确实听懂了您刚才所说的，那么在您看来，如果风格能在数学无法到达的领域里严格模仿数学，那它就是最好的。

塞尔：至少模仿数学的严谨和精确。柏拉图不就这样做吗？每次遇到一个难以用文字描述的东西，他就会放弃术语，转而求助于神话，讲一个故事，更好地概括他的思想。所以如您所说，他也一直在"滑行"。当数学或逻辑学受阻之际，就让神话上吧！所以在他和其他许多思想家的作品中，我们能看到很多从论证到叙事、从形而上学到民间故事的区隔、跳跃和断裂。莱布尼茨的《神正论》同样如此，所以这种方法谈不上非比寻常。

拉图尔：但那都是精心组织的寓言……

塞尔：我的也是。

哲学监控下的文学

拉图尔：您和柏拉图一样，从未放弃过做哲学证明的理性意愿。您认为哲学的传统价值依然是综合(synthèse)。

塞尔：是的，我朝综合飞奔而去。也许相比于我们截至目前所做的总计和小计而言，综合有些出人意料。为什么？因为它可能更多是通过比较研究法得出的，而不是通过各类元素的串连；它是赫尔墨斯的飞行带来的，而不是通过演绎或固体构架起来的。赫尔墨斯通过气流把形式从一处带往另一处。因此，综合最终是在流体中形成的。

拉图尔：我现在明白您在《第三个学习者》中说的话："数学不可行之处，神话可行；神话不愿行之处，加斯科涅语可行。"

塞尔："法语不可行之处，加斯科涅语可行"，该句出自蒙田的《随笔集》。我们要不要做个脚注呢？

拉图尔：这里总有个矛盾，因为您的开头和结尾都在哲学的紧密监控之下，这构成一种张力。这对您的读者而言是个难点。他们会说："好吧，哲学术语行不通的时候，就让文学来。"可是您的作品里任何一页都不属于文学，每一页都始终——我不用"被绳拴住"这个说法——但都是受到哲学的监控。您的论证方法是不一样的。被哲学监控的哲学明白为什么文学会走得更远，这是个美丽的悖论。

塞尔：是，也不是。但能写真正的文学、不受监视的文学，或更确切地说，受另一类型监控的文学，是一桩美事。我期待尝试，但可能做不到。

拉图尔：不对，如果我对您的了解没错的话，您不愿意这么做。

塞尔:我不知道,也可能做不到。卢梭给出了一个极好的例子。我对他极度灵巧和优雅的“滑行”敬佩有加,我完全折服。他从《新爱洛伊丝》——最美的小说之一,也可能是用我们的语言书写的最好的一本小说——轻松地滑行到《社会契约论》。在法语文学的传统中,还有蒙田、帕斯卡、狄德罗、伏尔泰……他们从来不会构成这条通道上的阻碍。

为什么?因为哲学不仅创造概念,而且塑造人物。德勒兹最近这么说过,他说得比我好①。我这儿也有几个例子:赫尔墨斯、寄生者、雌雄同体人、第三个学习者、丑角。如何让他们自在生活,畅行无阻呢?科学本身会评判这些天使,你们在其他地方称之为“使者”或“信使”的人,他们会比我们观察得更仔细。

困难来自大学体制所强加的既古老又新近的学科分割。通道是自然形成的,阻碍是人为制造的。说到底,您问我的问题是关于一个人工制造物。

拉图尔:不。您本可以从事文学,但您不愿意,因为您的风格其实是模仿数学思维、并以其他方式继续的哲学论证……

塞尔:模仿,或更恰当地说是转移、输出和翻译数

① 参见德勒兹和迦塔利合著的《什么是哲学》一书,其中提出“概念人物”(le personnage conceptuel)的概念,是由一位或多位作者创作的虚构或半虚构人物角色,以表达某个或某些思想。

学家的工作。

拉图尔:输出到数学到不了的地方。

塞尔:转运、转移和翻译的工作中出现的所有困难、阻碍和条件,包括寄生者、人物、动物和噪声,包括保证通行的灯塔(在航海术语中它被称为:“灯光和雾信号”),这些都在我的作品清单里了。它们通过莱布尼茨和赫尔墨斯思考成功的交流,或者思考让交流变得艰难或不可能的阻隔。例如,“起源”(Genèse)本来应该叫做“Noise”,这是个法语古词,表示喧哗和愤怒,讲的是背景噪声,它像寄生者一样把背景噪声和一个物理的、动物的或人类的操作者联系起来。赫尔墨斯的壮举还在继续。

所以在我后续的一本书里会有相当长的一章用来讲述天使,这些类型数以千计的信使。他们描述和穿行的世界与我们这个世界极为类似。

交流同样还指从一门科学到另一门科学,或从最纯粹的自然科学到哲学之间的方法转移。交流穿越数个空间,例如百科知识的空间,这些空间远不是我们想象的那样简单和半透明。再来看看我的书名清单:您很容易就能发现我是如何从数学走到物理,然后从物理走到生命科学和人文科学,并且没有落下它们任何一个历史过程。但这个清单或说类目并非完全平滑地处在一个同质或平整的空间,相反地,它们高低不平,喧哗无序,是分形的,更忠实于现实。

是的，科学分类在30年间发生了巨变，我们甚至对分类这一行为本身要思量再三。计算机时代可能终有一天会把我们带入一个“百科全点击”(encliquopédie)[①]时代！

拉图尔：您的论证方式是全新的。但这并不是与哲学的决裂，而是对场域的看法、对时间的延展和构建观上的巨大转变，但它依然在一个传统的计划内。

塞尔：是的，这并没有偏离传统的哲学计划。我从不标榜独创性，事实上我还是古典派。

拉图尔：但如果您只是做文学的话，大家都不会想到文学会比哲学走得更远！在您的作品中，哲学对论证的监控力不仅没有减弱，反而更强了。

塞尔：怎么能放弃哲学的监控呢？哲学的清醒给予了研究以理性。

拉图尔：与此同时，您的哲学研究并不是用您的元语言充斥整部作品，而是利用他们的元语言——文学家的元语言、神话的元语言——让它们来完成您的哲学或科学研究……您还是没有给我们降低阅读的难度！

塞尔：保留原来样子的东西就是其所是了吗？

---

① 作者在此利用了文字游戏，把“encyclopédie”(百科知识)替换成生造词“encliquopédie”，其中“clique”为“点击鼠标”之意。

当您不遵从任何榜样的时候，您就像在沙漠里游荡，看东西模糊不清。您刚才谈过的长期在场的学术集团、持续的辩论、同行的影响等，虽然我一直都在避开，但它们确实有助于解释个人的观点。我时常是一个人，所以让你们理解起来有困难。像今天这样，两个人的辩论已经厘清了一些东西。您瞧，我对讨论哲学的看法已经有所转变了。

访谈三　证明

拉图尔：您还记得吗，我们在上一个季度谈了您的方法？我试着把人们对您的诸多误解列出个清单来。

塞尔：是的，我记得这张清单很长。

拉图尔：确实相当长。但我们解释了我认为具有决定性的三个要点：风格、数学形式语言和时间，即您的时间观。这三个要点彼此关联。风格使您可以在一些迄今为止还未适用数学方法的主题上使用这种方法，我们可以称之为泛化的比较研究法。而这种比较研究法自身实际上又和您否认线性时间的观点相关。因此，您将这些解释巧妙地类比成苍蝇的飞行，而您的读者却认为这是天马行空……

塞尔：或是任性随意。

拉图尔：事实上，这些解释是在一种常规方法没有概念可操作的主题内进行极度精准的穿行。

塞尔：因为时间是折叠或褶皱的，这一点我们谈论过。

拉图尔：我今天的问题是关于证明，您是如何确定您给出的解释是好还是坏的。

解释的来龙去脉

拉图尔:我希望来谈谈第二个赫尔墨斯主义。从某种意义上说,与第一个赫尔墨斯主义相比,它相对黑暗而不够积极。我很想知道,在读者阅读您的作品时遭遇的困难中,哪些是必然的,由哲学而导致的,而哪些又是偶然的,因某些特殊情况造成?对于第一类困难,我们已经说了够多了,它需要读者的努力,而对于第二类困难……

塞尔:是要作者努力吗?

拉图尔:是的,作者!我刚才不敢这么说。

塞尔:好吧,让我们开始吧。只有当某个问题存在时,我才会做出解释,或提出问题。我们再举一个卢克莱修之外的例子,魏尔伦的一首十四行诗在一开头说:"希望就像马厩里一根闪着微光的稻草,那只陶醉着狂舞的马蜂,你为何要怕它?"这首诗真的很费解,人们曾经数千次试图解释它,但它至今依然是个谜。但庆幸的是,我们之前说过飞舞的苍蝇以及交流的困难,这些都能帮上忙。

在这首十四行诗里,魏尔伦描写了在某个炎热的夏日中午,一个人枕着胳膊,在桌子上睡着了,他听见一只马蜂在耳边嗡嗡叫。这是一种常见的一般机体觉(cœnesthésique)[1]的体验。人对身体自身及身体内部的感觉(这里即为模糊的声音和感受到的喧哗)既来自外部世界,又来自机体自身。由此,诗人和这个时代的背景噪声理论联系在一起。

拉图尔:您是说魏尔伦的时代还是我们的时代?

塞尔:我们的时代,尽管我们和诗人相隔了一个世纪。甚至可以说,魏尔伦以一种前所未有的精确性观察他自身内在的体验,猜到了背景噪声的存在。他感觉背景噪声先于一切信号而存在,并阻碍了人们对信号的感知。噪声先于一切语言,它或禁止或帮助语言的诞生。反过来,语言密集的声响又阻止了我们听到背景噪声。

因此,诗人作为观察者给出了一种语言起源的场景,或简言之,语言出现之前的场景。这确实是真正的诗的主题,但同时也是真正的科学研究的对象。从这两个命题之间的差异可以看出魏尔伦与我们之间的历史差距。

如果您同意这一假设,那么魏尔伦的诗歌之谜就

---

① 机体觉,由机体内部各种过程所引起的感觉,也叫内脏感觉。机体觉的感受器是分布在食道、胃、肠、膀胱、肺、血管等脏器内壁上的神经末梢。内脏活动变化的信息经内感受器和传入神经传至下丘脑,然后投射到大脑皮层的代表区,产生有关的感觉。在通常条件下,来自内感受器的信号被外感受器的工作所掩蔽,只产生一般的“自我感觉”。只有当内感受器受到强烈的或经常不断的刺激时,内脏活动的变化才能引起明显的感觉。

此解决,这首十四行诗变得一清二楚。所以当您把一个问题变得明晰和清楚的时候,这种解释应该就是好的,因为不可能解释的东西被说清楚了。

拉图尔:这样的解释是好的,但看上去不大可信。

塞尔:只有在那些认为一个19世纪的诗人和一个20世纪末的物理学家之间有着不可逾越的距离的人眼中,这个解释才看上去不大可信。这种经验在当时只属于个人内部感知和观察的范围,只有那些对别人未观察到的事物有着超级敏感度和关注力的人才可以体会到,但为什么这种经验不可能在以后变成一个物理学的集体研究的对象呢?此类事情并非没有先例。

拉图尔:等一下,这里有两个问题和不可信之处:第一个问题我们已经在上次具体谈论过,即魏尔伦可以预见到一个世纪之后物理学上的噪声问题。

塞尔:是的。

拉图尔:这缘于您的时间观。这也是我上次说到时间逆行机的原因,可能这个词用得不大正确……

塞尔:不是时间逆行机,因为在这个表述里,"机器"和"逆行"两个词不妥。这个机器就像行驶在铁轨上的火车,尽管它是逆行,但仍然把时间具象化为一种线形!

拉图尔：我撤回这个表述，我本想用它来形容您自由开阔的思路。好吧，没有机器，没有铁轨，也没有逆行。但还有第二个问题，严格讲来，您并没有真正说魏尔伦是物理学背景噪声理论的先驱，因为您对这首诗和布里渊关于噪声的书之间保持了一定距离。

塞尔：不，我就是想说他是先驱，为什么不呢？伟大的诗人和哲学家本身就常常能预见未来。哲学要是不能孕育出一个新世界，它还有何用？

您会不分白天黑夜一直受到耳鸣的困扰吗？就是那种在耳朵里持续不断的嗡嗡声。如果有，您就会同意我的观点，对背景噪声的感知体验并不罕见。一个诗人通常会对一般机体觉很敏感，他会捕捉到身体内部秘密而细腻的关系。我说的噪声来自机体，它证明了机体强烈的热度和生命力（这种热度也可能预示机体的死亡）。只有音乐能让它噤声，只有语言能让人遗忘它。人们很少说到语言和歌曲的这个用处。魏尔伦的十四行诗天才般地描写出先于音乐和诗歌语言而存在的噪声，以及噪声对这两种信号流的阻碍作用。

您认为一个诗歌和音乐的理论家会忽略这样的先在条件吗？人们有理由相信，魏尔伦在这里写出了他预感到某种即将到来的事物，而我们知道这个事物就是与语言信息相关的背景噪声理论。

一个是在物理学上与背景噪声相对的信息理论，一个是诗人在面对一般机体觉听到的噪声时抓取到的语言，两者之间有很大的区别吗？它们之间的接合很夸张吗？伟大的科学洞察力往往是一种古罗马式的至简。据说，魏格纳[①]就是在看到春天浮冰裂开的时候想到了大陆漂移说。任何一个游客或每个因纽特人都看见过这种司空见惯的现象。世界上到处都有苹果落下，但只有在牛顿的眼中稍有不同。

拉图尔：您的思路有点快！因为这里有很多问题，正好基本上是读者在看您的书时发现费解的地方。首先，您说："魏尔伦的诗有三十种解读方式。"这里您不得不承认，您的证明其实依然基于同行和其他学者的讨论的基础，而您从来没有在书中提到这一点。

塞尔：如果作者要把所有看过的文字都抄下来，那他的书必定又臭又长，而且因为重复论述，这本书必然言之无物。如果每一篇文章都要抄写或概述与其主题相关的所有参考文献，那我们就进入了一个论文、报纸和"结巴"的时代。尽管媒体和大学之间彼此嫌恶，但它们都有重复的毛病。论文和杂志都是重复排版的产物。

---

① 阿尔弗雷德·魏格纳（Alfred Lothar Wegener，1880—1930），德国气象学家、地球物理学家，被称为"大陆漂移学说之父"。

相反，写作之诚实在于作者只写他认为有创新性的所思所想。我只写自己的书。“我的杯子不大，但我只用它来喝酒”[1]，这是我唯一的一句引用。当您看一些旁征博引的文章，每一个词旁边都贴着一个序号，用来呼唤出脚注，并让脚注把这个词还给它的主人，仿佛文中的普通名词马上就要被这些专有人名替换掉。您不觉得这很可笑吗？这些文章属于所有人，而在一本诚实的书里，思想只来自作者。

对于“作者”一词，我要说两句。它来自罗马法，意思是真实、正直、证明、见证或誓言的担保人，但它最初的意思是“保证增长的人”，而不是拿来、概述或简写他物的人，只是促进生长的人。“作者”（auteur）、“作大者”（augmenteur）……除此以外都是抄袭。作品像一棵树或一只动物一样，在成长中变化。

拉图尔：我知道您对脚注的看法。您认为前人的想法不够令人满意，但读者没有看到您对个中原因的论证。

塞尔：他们要“赤身裸体”走到原文前。

拉图尔：他们不仅仅是“赤身裸体”走来，因为您没有引用您所反对的观点，而且更常见的情况是，他们在您的书里走不到原文前，因为您甚至都

---

① 该句引用自19世纪法国诗人阿尔弗雷德·德·缪塞的诗剧《酒杯与嘴唇》：“我讨厌剽窃，如同憎恶死亡；我的杯子不大，但我只用它来喝酒。”

没有引用原文，他们看到的是您的评论，隐射之隐射！魏尔伦的例子，我们很幸运，因为您把他的诗全文引用了。但您得承认，通常情况下我们既没有原文，也没有您所认为的对文本的错误阐释。

塞尔：您似乎认为一切思想只有在与另一个或另一些思想相对的时候才存在或显露出来。这又回到了我们此前针对辩论进行的讨论。一个思想与另一个思想针锋相对，尽管带上了否定的符号，但它们其实还是同一个思想。您越是反对，就越陷在同一个思考框架内。

新思想来自荒漠，来自隐士和孤独者，来自退隐之人，来自从不参与重复讨论又能从噪声和愤怒中脱身之人。讨论制造了太多的噪声，以至于人们无法从容思考。今天被大肆挥霍用于举办各种研讨会的经费应该用于建设修道院，要求修行之人保持审慎和安静。我们做了相当多的争论，却缺少沉默寡言之人。也许科学需要持续的公开讨论，但讨论只会让哲学必死无疑。

拉图尔：但您必须理解我们这些读者：您的书里没有脚注，也没有给出所评论的文本，您预设我们都知道（我们必须具备这些知识才能看您的书：卢克莱修、拉丁语、希腊文、物理学、数学、诗歌），而且为了简单直接，我们必须接受一种看不见的接合法、一种交换器，可以让您说："对，这个解释不错，很清楚，令人满意。”必须得说，您并没有减轻我们的阅读任务！

必然困难，偶然困难

塞尔：我想解释清楚这些困难。

拉图尔：我相信您可以的！

塞尔：再举一个其他例子。我曾经尝试从帕斯卡的科学著作出发来解释他的《思想录》，或更确切地说从他作品中共有的直觉这一“定点”出发同时解释他的两类作品，即他的数学或物理学小册子以及他的《思想录》。直觉确实构成了他的定理和数论思想特有的统一性，而且这个统一性延续在他的哲学思考中。

一方面，这些研究包括流体的平衡，即流体静力学，显示出他的研究具有一个定点，使得整个研究结论得以可能，同时他的研究还包括圆锥曲线、圆锥顶点、神奇的帕斯卡矩阵或著名的帕斯卡三角形。这是帕斯卡科学思想中的一系列发现，虽散见于他的各类文章中，但可见他的思想并不散乱。而这个定点还出现在了他的“效果理性”①和“两个无限”中，尤其出现

① 法语原文“La raison des effets”，为帕斯卡在《思想录》中提出的概念，首先适用于科学领域。帕斯卡认为在诸多表面上无序的效果背后应该有一个可以统一解释它们的原因，常常体现为某种法则。

在他对基督的沉思中,他视上帝为万物所向的中心。

科学发现和宗教信仰之间的接合非常清晰地彼此印证。与其说是复数的“思想录”①,我们不如说帕斯卡所有的著作不分种类,只有一个思想。于传统视野只见散乱之处找到统一性,难道这样的解释不够清晰吗?

一个文学老师在几年前讲解帕斯卡时具有优势,他可以从拉丁语以及天主教的神学和仪式传统出发。为什么?因为在17世纪的帕斯卡和当时的学生之间存在着一个文化共同体,从这一共同体出发的解释可以保证有效。而现在这一共同体已经消失,至少是暂时消失了。今天的大学生更熟悉的是运算、牛顿二项式、三角形和概率论,而不是关于基督神性的神学讨论。一个时代被撕裂了,另一个时代又缝合上了。所以,现在的文学老师的优势在于用我的方式,而非传统方式去解释帕斯卡。

我们也可以说在这里时间以另一种方式被揉皱了。以往的知识分野在动摇,于是以前不可理解的东西成为显而易见之事,同样相反地,您以前认为自然而然之事也可能变得晦涩难懂。在我的时代,拉丁语变得和梵语一样稀有,而您觉得如此难懂的科学却出现在街头巷尾和招贴画上。于是,从通信理论、背景

---

① 《思想录》法语为“Les Pensées”,书名中的“思想”一词为复数。

噪声理论以及物理学意义上的语言起源论出发来解释魏尔伦的十四行诗就变得相当简单，跟说句“早安”差不多。

因此，我试图要说明的是两件事情。一方面是证明的内容：简单之物（一个定点，还有什么比这更简单呢？）总是比纷繁复杂的东西更容易掌握；另一方面，我的证明面向的是人，面向的是当代人，因为当代人的文化相对于过往被重塑得更加厉害。即一方面是研究主题的客观确定性，另一方面则是与对话者相关的主体确定性，或更确切地说，集体的主体确定性。

拉图尔：我同意，我觉得这一点很有说服力。这正是我刚才想说的，在阅读您的作品时有一些困难缘于您的研究方法，不可避免，对此我们已经聊过；但还有一些困难可以说是偶然的，与具体情况相关。您往“上游”追溯，把您的阐释和同行群体的解释相联系，再往“下游”而去，又把您的阐释和其他引用、使用或讨论同一主题的人相联系，这样一切就变得明白易懂。这属于“常规”（business as usual）哲学，您把自己定位于一个科学场之内，但同时您又彻底把“上游”和“下游”隐藏起来。您这样做，恕我直言，为读者平添了许多困难。您坚持您的论证必须具有与众不同的特点：全新、“赤裸”，既无“来龙”，也无“去脉”。

塞尔：您总是假设科学和哲学，用今天的话说，是

“一码事”。在科学这一点上，我可以向你让步，它还是一种集体的实践，但我确信哲学和科学不是一码事，它不是集体的实践。总之，它和您所说的科学场区别很大。

此外，我刚才确实说过我的研究是孤独和避世的，但我从来没有声称它们异于寻常。我完全坚持古典的哲学传统，并始终践行。在所有的哲学家看来，科学和哲学的关系以及文学与前两者之间的关系，在他们的时代都是显而易见的平常事。在这一点上，我们从来不孤独，我们有很多同行者！

拉图尔：是的，这有可能，因为您的成长历程，我们在第一次访谈中谈过。但有一件事我觉得很重要，那便是这些偶然困难和您的哲学本身没有关系，但它们可能会阻碍读者对您作品的其他解读方式。有些人说：“塞尔的书很难读，这完全是因为他的哲学论证本身。”但是如果我的理解没错的话，事情并非完全如此。

塞尔：我相信第二个原因只是缘于一种历史和境遇，即在 1950 年的某个时间和空间内经历过的一些事。

拉图尔：没有必要在“无师无徒”这条原因之外再加上其他的原因。它很重要，但并非必然。

塞尔：我很讨厌师生关系。“来了，来了，我是您的仆人。”这种效忠关系总是让我感觉到导师的某种权力，因而感到恶心。

我们是哲学家。如果我们从事的是科学，则必然要归属于某个无论在内容层面还是体制层面都结构化了的学科，由此再设定一整套游戏规则：教学、师生、实验室、老板、期刊、出版物。但哲学则预设了另一套组织行为：独立、思想自由、逃离团队……所以，是的，是孤独。不是出离传统，我再说一遍，是独立。高度组织化的团队加强了监管：也许科学期待这种监管，它即便做不到让人步调一致，但至少可以提高严谨度。但这要是发生在哲学上，那便成了"治安警察"。我的观点与柏拉图相反，可以给哲学家一切，除了权力，无论是学术权力，还是本地的、部分的权力。

拉图尔：是的，但这是另外一个问题。您的论证不像尼采那样用警句来打破哲学话语风格。您无意取消证明过程，论证对您很重要。您不是无理性之人，也不是反理性之人。只不过由于主流学科的思想资源，您的论证无法施展，但如果在一个全科的环境中您可能会发挥四五个杜梅齐尔或三四个基拉尔的作用……

塞尔：如果教育是文理双重的，我的这些论据不仅可以施展作用，而且应该是已经施展作用了！这样的综合学科原本就应该存在，而不是还等着创建。如此一来，我可能就会从事其他事情了。但毕竟，历史和人生不可重来。

拉图尔：这一点对您的读者非常重要。

塞尔：您这么认为吗？我尝试在断裂处建立联系，这种尝试意味着要付出高昂的代价：不被理解，因为在断裂处的两端不存在共同的语言。在对话中，我们倾听的是对话者，从来不是翻译的人。我自愿参加这场游戏，并愿意为相应的条件和义务付出高昂的代价。您说我“无师无徒”，这必然是一种道德选择，也缘于历史的境遇。

综合最终是可能的

拉图尔：所以如果我理解正确的话，您一直想进行一种整体解释，是吗？

塞尔：当然！上一次，我们在谈到褶皱或折叠时间的时候，谈论过当下和过去，但没有说到未来，而哲学本身就是对未来思想和实践的预见，否则哲学便沦为评论，即历史的一个小章节，且算不上最精彩的那段，或者沦为语言学或逻辑学的一节，依然平庸无奇。哲学不仅应该创造，更应该创造出未来创新所需的共同土壤。哲学的作用在于为创造创造条件。从亚里士多德、笛卡尔、莱布尼茨……一直到柏格森皆是如此。

拉图尔：也包括科学创新吗？

塞尔：当然，必须得说科学的未来。自从启蒙时代开始，科学越来越多地吸引了最优秀的知识元素、最有效的方法和技术、最丰厚的资金。因此，它高高在上，如同大家说的，位于尖端，以一己之力筹划未来，占领越来越多的地盘。科学实力雄厚，孤身而立，它正在导致或可能导致高风险，并且会为自身招来灾祸。为什么？因为它忽视文化。正如老伊索对舌头的论断一样，科学已遥遥领先，成为最强者，也可能是最恶者。

拉图尔：所以现在要拯救和保卫科学，是吗？潘多拉的盒子里最后剩下的是希望，但必须要我们深入暗盒去寻找。

塞尔：正是。每当科学发明、研究结果或工作出现了一些波及面广的可怕问题，并危及人命或整个世界的生死存亡时，我们总会听到一个呼声："让我们成立道德委员会，呼唤法学家、哲学家和宗教界人士的帮助。"直到那个时候，我们才把科学之外的少数人叫来……参加会议，进行讨论……

科学将所有的理性、文化和风俗收归已有之后会付出真正的代价，而我的工作在于预防这一时刻的到来。我们已经到了这一步，我们要为进步的幻觉付出代价，尤其是我们自以为工具箱里已经不再留有半点过去的历史。唉！不，过去永远在那里，无法被科学抹除。我们身处险境，因为文化具有缓慢消化过去的功能，它有可能被已丧失这一功能的科学所摧毁，所以我的工作在于预见到这一时刻。

我们这一代人早料到这一时刻的到来,因为我们经历过原子弹的时代。广岛标志着一个世界真正的终结和另一段冒险的开启。科学刚获得了一种强大到足以摧毁整个星球的力量,这很形象。科学力量大幅提升,拥有全能,吸纳了大量的资源,并很快抽走周遭的一切。这样一来,与它紧邻的文化领域骤然没落:人文学、艺术、宗教、法学。

科学拥有了全能、全知、全部的理性,还有所有的权力,它因此全然可信,名正言顺,但同时它会产生各种问题,背负了一切责任。突然间,时间被奇怪地折叠起来,因为一切突然间都在某个地方连接了起来。

拉图尔:所以未来的拓扑学构造和我们在上一个季度聊过、并且您刚才又提到的过去是一样的吗?

塞尔:当然。但未来依然是不可预见的。万幸!

拉图尔:如果我理解正确的话,在您看来,过去同样不可预见是吗?

塞尔:是,也不是。

拉图尔:这对我们这些读者很重要,因为您在作品中演奏的是两种曲目,特别是您最近的两本书,我说的是《自然契约》和《第三个学习者》。在这两本书里,您彻底贯彻了第二个赫尔墨斯主义,即必须绝对"孤独",断开一切阐释的前后联系。可是,如果我理解正确的话,所有与接合、穿越、计划、运动和研究策略相关的问题并非在哲学上必然与孤独相关，它们只是偶然与孤独相关。

塞尔：我可以不用任何策略去研究、思考和发现。相信我，我的任何一本书都不是用某个策略写成的。

更广义地说，一个回答不大可能解决所有的问题，一把钥匙打不开所有的锁。您怎么能指望创新只有一条道路，且总是一条集体和辩证的道路呢？如果真是这样的，大家都会了，所有人都可以创新。也许这种想法只是为了制造人人都可创新的幻觉吧？

有联系，也有断裂；有互助者，也有孤独的人，也肯定还有其他能飞行，并能用“鸽子脚落地”[①]的人。

拉图尔：您一直想要做综合，对吗？

塞尔：是的，请相信我，我发誓，它从最开始就一直列在我称之为“计划”的东西内。广岛原子弹事件的四年之后，我从海军学校退学，渴望有一个能解决这些新问题的哲学。我们这一代人在那个时候听到一种时代特殊的召唤，激励我们去思考一个前所未有的问题，此前没有任何一本书论述过它。为了总体的“起飞”，面对总体的危机，必须有一种总体的哲学。

拉图尔：我不是很明白“起飞”一词。它很新，之前没有听过？

塞尔：是的，一个全新的词。

---

① 法语俗语，意为“不吵不闹”“一团和气”。

我在《自然契约》一书的最后一章讲了一个大故事，由几个不同的短故事组合而来，都是为了说明一个道理：研究“契约”一词的具体源起，它的意思是系上或解开的绳子或关系。“契约”意味着一个集体拖行着某物（如一个犁，或一副担子）。为此，必须在牵拉的人之间、在牵拉的人和牵拉物之间建立联系。我们以比喻的方式延伸对绳子的思考：可见的绳子，有的连接了船只和河岸，有的把船变成了大型的绳结，有的连接起登山者，有的连接起伐木工和被截断的树桩；更有不可见的绳子，连接起爱人和家庭，把生者与死者相连，把人系在土地上。可我们突然之间挣开这些关系，出发启航；我们解开系扣，人类起飞了：从哪里？如何飞？去往何处？这是我们当前的问题。而我们现在只是单凭科学之力起飞。

拉图尔：是的，您的书中显然有综合的意愿，但它又完全隐藏起来。我感觉这是您第一次说起它。

塞尔：这的确是我第一次谈起它。我同意接受这几次访谈确实就是为了宣告综合的意愿，但这并不意味着这个意愿只是临时起意。在我们还没有建立好一个混沌理论时，混沌看上去似乎就只是混沌而已。我的研究正处于蛋黄酱成形的三分钟之前。

拉图尔：您的意思是大家还会继续、重提、辩论。

塞尔：这重要吗？我们拭目以待。

拉图尔：我觉得您所说的每个字都是可信的，甚至也不算语出惊人。让我真正吃惊的是，我感觉——也许这种感觉是错的——在阅读您的书时又多了些困难。从某种意义上说您又给我们添加了一些困难。您同时去除了“上游”的同行和“下游”的讨论，这就把您精彩的证明和论据都隐藏起来了。我想知道，您预期的目标依然属于哲学吗？

塞尔：毫无疑问是的。除了哲学之外，我别无他求，我要延续的是哲学的历史传统。如果说我制造了某些怪异的哲学效果，倒是出乎我意料。

拉图尔：您有些夸张了吧？

塞尔：不，真的没有。您认为我从蒙田或狄德罗那里延续了最古老的传统是夸张吗？

拉图尔：我不知道在读您的《第三个学习者》的时候，我的困难是必然的还是偶然的。

塞尔：最大的困难可能来自一种囊括百科的解释意图，它的背后是我进行综合的渴望，也就是希望涉猎八方，不落下任何东西，然后一点一点构建起一个世界。这种做法一点也不时髦。怀疑和过度批判(hypercritique)的时代只谈论碎片或局部，只在意批评和破坏。所以我们必须从边上跳出去，挣脱这条枷锁。数据的组合和积累，在知识和经验的总体中畅游，这些确实在内容层面有着重重难关，但它们也预设了和以往不同的做法。

拉图尔：所以我们很难简单地区分两种赫尔墨斯主义？

塞尔：严格说来，只有一种赫尔墨斯主义。赫尔墨斯是一个多面的神，但他是唯一的。

哲学家内心有着矛盾的两极，您相信吗？一方面他渴望尽可能掌握最多的知识和经验，另一方面他又要抹去所有的知识和经验，从零出发。哲学是在一个对顶圆锥上下功夫，而哲学正位于顶点之上：第一个曲面是百科知识，另一个曲面是空无一物，是"有知识的无知"(la docte ignorance)①、判断的悬置、孤独、质疑、怀疑、不确定性和从零开始的重构。哲学不是知识，也不是某门常规的科学，它是全部和空无之间的平衡。一部哲学作品必然要囊括一切，然后一切归零，重新开始，我的意思是从旁跳出，从而获得创新。这项工作自然难上加难，极为艰巨；哲学既关乎总体的积累，又是从旁跳出的陌生感。

使用好评论

拉图尔：我们且把它作为开放问题留着。在我看

---

① 该说法来自文艺复兴时期哲学的先驱——库萨的尼古拉(1401—1464)的著作《论有学识的无知》。该概念最初和自然神学相关，作者认为有知识的无知意味着人类不能通过理性知识把握无限的神。

来，有两种赫尔墨斯主义，一个鼓励更多的沉思，另一个取消沉思。我看到您在最近的作品中加剧了这两者之间的冲突，但您自己也可能并不确定。在两种赫尔墨斯主义之间，需要有一个行得通的解释，这个解释具有一定的统一性，符合您所追求的综合意愿，并延续了最优秀的哲学传统。

塞尔：在锥体的第一层也许不断出现沉思，但在第二层沉思被取消了。无论如何，我所说的综合即将到来。

拉图尔：这样一来，我们又碰到了新的理解困难。您的研究中最惊人也是最难以理解的地方，是您使用的元语言总是您研究对象的元语言，而不是常用方法的元语言。您使用一些文本时，会用这些文本内部被固化的、结晶的或冰封的元语言来做解释，这让读者很难判断您的证明是否有说服力。

塞尔：这里有两个原因：我避免使用元语言是因为通常情况下元语言只是宣传手段。何必要宣扬我刚刚做了某某事。如果真的做了，人们自然会知道。

但关键是，我刚才说了，一把钥匙开不了所有的锁。如果有，就只能是“万能钥匙”。哲学并不在于把某个方法可以取得的所有现成解决方案，或是把这个方法可以解决的所有问题都罗列一遍，因为不存在普世的方法。

所以我回答您的问题，我们要从期待解决的问题出发,找出好的方法。最好的解决方案因此是本地的、独特的、针对性强的、因地制宜的、新颖的、地区的。这就产生了您刚才抱怨的不协调性,并导致了阅读困难。无论对读者还是作者而言,研究工作当然没有捷径,因为面对每一个问题,我们都要从零出发。所有人都喜欢熟悉感:读同样的书,看同样的画,每周日吃同样的蛋糕。不要把确信和懒惰混淆起来! 通用的元语言用着上手,但那是偷懒的表现。

相反,最好的综合来自极尽差异之地,这块大地纹理复杂、斑驳陆离、深浅不一、混杂多样——看,我们眼前是一件丑角的百衲衣。否则,综合就沦为对格言的重复。

有一些画家总是画同一幅画,作品一眼就能被认出来。您对他们怎么看? 他们生产的是一眼就能认出来的钞票。

拉图尔:我们现在说到了一个更宽泛的问题,因为除了最近五本书之外,您之前写的都是对作品的评论,而且您通常会严厉批判评论者。那么,您的评论和其他人的评论有什么不同?

塞尔:您可以把我此前批评的评论称为"霸权"评论,因为他们用一把钥匙就想打开所有的门窗:精神分析、马克思主义、符号学等等的万能钥匙。但现在我不批判他们了,我觉得无所谓,因为评论只是在创新身上的寄生虫。霸权评论显然不仅仅涉及内容或研究方法,更关乎体制:某个院系或校区属于某个学校,由此排除了其他一些人,大学不是真正任由思想自由绽放之地。

相反,我在意的是独特性和局部细节,是简单的万能钥匙不足以开启的地方。因此我们必须有一把精心锻造的工具,否则就不可能有作品。我们要找出一个本地方法来解决本地问题。我们每次试图打开一个新锁的时候,就要锻造一把特殊的钥匙,显然没有人见过它,在方法的"市场"上找不到对等品。因此我们的工具箱会变得格外沉重。而您所谓的"元语言"轻松可辨:它是一把大量复制、借助广告热销的钥匙,在超市里随处可见。

拉图尔:我理解,您要求在每一次面对新的研究主题时,必须重新使用并改造分析工具。

塞尔:每一次都要。所以必须使用本地词汇,最大限度地靠近问题里的"野兽"。不知道木工用语,怎么能谈木工?不知道航海行话,怎么谈航海?不知道铁匠用词,怎么谈打铁?不知道锥子和皮革的术语,怎么谈制鞋?以此类推。这不仅和风格相关,而且也和方法或证明相关:老师曾经在课堂上教过我们要用专有名词,不要写"花"或"草药茶"这类过于抽象或意义宽泛的词,而要精确地使用"龙胆花"或"椴花茶"。因此,一个专业的作家会使用许多不同的词,因为他更喜欢说"人字木",而不是屋架上用不到的"房梁";

他喜欢用“平底小渔船”和“交通艇”，而不是在海上有风浪时捕鱼很少用到的普通的“船”。一般读者可能会抱怨，因为他们不得不查字典，但海员和木工会心情愉悦，感受到被人尊重。雨果曾说到字斟句酌时花费的心血：为老字典戴上红帽子①。意思是不要使用普通的“绳子”一词，而要在每一次都使用专家用的那一个词。所以，铁匠和制鞋匠，每个群体都能听到他们自己的语言。

拉图尔：所以您认为元语言在哲学上也是“寄生”的？

塞尔：并非一直如此，但常常就是。我很害怕看到那些每个字、每个概念或每个操作都可能会被名词或动词“是”所吞噬的文本，整页都像荒漠一样无比光滑和质地同一，贫瘠而浅薄。日光之下，并无新事。所以，发生原子弹爆炸的平原溶化成玻璃状，于是只剩下太阳，只剩下炸弹。一切都在，一切都无。温柔起伏的丘陵，多姿多彩的风景——多样性，这样的地方难道不更适合生存吗？

无论是哲学家还是其他人，只要写作，他就像一个管风琴演奏家，他必须变化技巧，轮番利用各种音

① 诗句引自雨果诗集《静观集》中《回应指控》一诗。前后文为“我让革命之风吹起，为老字典戴上红帽子。再无议员之词，再无平民之语！”红帽子为大革命时期无套裤汉流行穿戴的服饰，标志着平等，在1792年后成为革命者的标志。

栓:低音音栓、混合音栓、短号音栓、彭巴德音栓、簧管音栓或牧笛音栓……您瞧,您又要批评我使用不同词汇增加难度了!但如果艺术家只用一个技巧,用一个调弹奏一首赋格曲,他会是一个真正的作曲家吗?作曲(composer)①,这就是问题所在。

重复

拉图尔:但是您得在这两个方面之间进行综合:一方面是我们上次讨论了您快速穿行的模式,这个模式极度抽象,而其中的数学特性适用于众多研究客体;而另一方面,您说的本地特征好像与前者完全对立。本地特征可能给我们展现出另一个可能的塞尔,例如提图斯·李维的研究专家,或是卢克莱修的研究专家或是布里渊的研究专家。我又在设想多个可能世界里的塞尔……

塞尔:我们确实要谈谈本地和总体的问题。比如说,您定义了某种数学思维模式,其实不存在矛盾:从语言的角度看,它是一种形式,利用普世适用的符号,但要研究的是某一个具体问题;或者类似一种医学模式,由抽象的生物学提供理论支撑,但处理的是某个单一的个体,虽然对疾病的描述是宽泛的,但具体到

① 在法语中该词既有“作曲”的意思,也有“组合”“构成”之意。

个体要观察该疾病的具体症状。

拉图尔：这个生物学的比喻没有说明清楚，因为相反地，人们会认为一个精致构建的元语言可以应用于个案，而您反对的正是这种“应用”本身。如果存在一种从普遍到个体的应用方法，如果说被评论的文本只是某个个案，那就意味着无论您论述何种主题，读者都可以一下子认出您的分析模式，并发现您把这个模式放诸四海而皆准。

塞尔：您说得对，我希望避免重复，不想读者因为重复而觉得似曾相识。为什么要不遗余力地让别人认出自己呢？所有问题或部分问题就是来源于此。重复和似曾相识之间存在某种可怕的关联，可模仿性是丑之又丑的事，尤其在哲学上，因为它是一种奴化。

拉图尔：如果您要把这作为区分证明好坏的标准，这对读者来说是个艰难的考验。因为他们翻开您的书，读了前四行，就很轻易地认出您来，这是典型的塞尔的作品，并不是因为内容，而是风格。

塞尔：谢谢。独有的风格来自行为、方法、旅行、线路、风险，对，还有自愿接受的不一样的孤独。冲浪选手可以用同一块冲浪板，但每个人的方法都各不相同，他们每个人都接受可能面对的危险：翻涌的浪花筑成高墙，一撞上就可能摔断脖子，或是被卷进浪里溺水身亡。内容或方法上的重复不用冒任何风险，但风格像一面镜子一样照出了危险的本质。想方设法做到不可辨认也同样隐含着“自闭”的风险。

拉图尔：是的。但是请您解释得更清楚一些，您认为好的证明是怎样的，因为您刚才用生物学做的比喻不是很清楚。您把数学工作视为典范，如果数学中有些东西是明确的，那么一方面就是证明的敏锐度和严谨性，而另一方面是同行监督下的讨论。您之前说过，您不得不在方法之上佐以风格，而我也愿意相信这一点。但两者能贴合一起的证明在哪里？您经常写“CQFD”——证明完毕。您的证明不是任意为之，但读者看不到您是怎么停止证明的。

塞尔：我们再来看帕斯卡的《思想录》可以吗？我之前说过帕斯卡思想中有一个定点。他的科学论著一般都是关于算术的小论文，而这个主题把他的科学论著全都整合起来。

拉图尔：整合是我们上次说的结构上的整合吗？它们有共同的结构吗？

塞尔：更简单地说，是变体中的共同主题。根据这个主题重读《思想录》会获得一个既新颖又传统的意义，一切豁然开朗。上帝缺席的物理学空间或俗世空间中没有定点，但却有一个我们可以依靠的人——耶稣，在某些地方我们称其为万物所向的中心，就像帕斯卡在“两个无限”的片段中所说的没有“基地”或

"安定"[①]。这表明虽然自然世界没有定点,但超自然世界却有一个。一旦这个稳定的基地被找到,我们就可以安心了。

拉图尔:所以您认为,如果有两条通道,即作品的不同阐释在文本内部交织的时候,证明就完成了,是吗?

塞尔:是的,帕斯卡的数学论著表面上杂乱,但却可以用这个结构整合起来;同样他的哲学作品也很纷杂,和他的算法小册子一样零零散散,表面上呈现出无序状态,但它们也可以和他的科学思想一样,借助同样的结构、用同样的方式整合起来。这样他的整个作品就变得协调和统一。这不正是令人信服、思维缜密的证明吗?

拉图尔:但这个解释完全是内部的、本地的、在作品内部吗?

塞尔:我们刚才说过,在这里帕斯卡作品纷杂的

---

① 帕斯卡对于"两个无限"的论述集中在《思想录》第二编中"人的比例失调"一则。塞尔此处的"基地"和"安定"引自原文:"我们燃烧着想要寻求一块坚固的基地与一个持久的最后据点的愿望,以期在这上面建立起一座能上升到无穷的高塔;但是我们整个的基础破裂了,大地裂为深渊。因此就让我们别去追求什么确实性和固定性吧。我们的理性总是为表象的变化无常所欺骗,并没有任何东西能把既包括有限但又避开有限的这两种无限之间的有限固定下来。对这一点很好地加以理解之后,我相信我们每个人就都会安定在大自然所安排给自己的那种状态的。"

问题给出了一把制作精良、独一无二的小钥匙，这就是“定点”的概念。它可以帮助我们解决这个问题。它带来了帕斯卡思想的完美的统一性。随后，我把这个概念转移到其他相近的哲学家，如笛卡尔或莱布尼茨，或相近的科学研究，比如宇宙中心论，这需要小心谨慎得多，但我取得的成果却没有在帕斯卡那里获得的多。

此外，这里有一个证明的结构问题：把一些人们通常以为不同的事物证明为其实是同一回事。我们一定要关注结果：在曾经只有混乱和无序的地方建立秩序，使问题变得明晰。

本地解释，总体证明

拉图尔：所以这是传统意义上的解释？

塞尔：当然，如果您把它和传统或当代的解释做比较，它的优势在于省力，数学家称之为优雅：从最少的假设中获取最多的结果。在我的时代，所谓的理论方法依靠大量深奥的概念，以至于这些概念变得比它要解决的问题本身更难懂，到最后只能得出模糊不清的答案，等于用一门大炮把一只蜗牛往前轰两微米。而在我这里恰恰相反，一种极简的证明结构（还有什么比一个点更简单、更确定、更唯一的？不用一丁点理论，或只用极少的理论）对应的是最大的明晰和整体的协调性：最少的方法得出最多的结果。假设一个点，您会收获一个世界。

再回到我刚才说的魏尔伦的十四行诗。如果您从一般机体觉的背景噪声出发，加入噪声的随机理论以及知觉效果的形成，那么这首十四行诗就变得无比清晰。证明就是让一束阳光穿过一个洞，把无比黑暗的地方照得透亮。

您再看拉封丹寓言《狼和小羊》里的真正的证明结构（《赫尔墨斯 IV 分配》，第 89—104 页）。它的情况完全相反，因为寓言开头比波浪更清澈，它的秩序结构也非常简单，甚至简单到不能再简单，还有什么比先—后或前—后的关系更容易的吗？但正是从这一简单的结构中生成了一种出人意料却精彩之极的严谨性。在寓言简单而天真的表象下隐藏了一个伟大的哲理。这个结果完全符合了拉封丹的预期：在一颗樱桃核上雕刻出最丰富的信息。

再说一个真正经典的证明，类似于几何学或组合数学的证明，我说的是莱布尼茨的"前定和谐说"（harmonie préétablie），这可能是他的形而上学的核心，参见我的"赫尔墨斯"系列第一本《交流》（第 154—164 页）。"和谐说"决定了他的论著的特点。

我认为证明中最重要的是对证明进行一种和莱

布尼茨调和三角形[①]类似的解读(莱布尼茨仿照帕斯卡的方法发明了一个三角形,在这个三角形里,整数被替换成它的倒数)。我们要在这个图形中尽可能读出作者最多的形而上学论点。可以说,这种构成(composition)集合了管风琴的各种演奏技巧:令人陶醉!(《赫尔墨斯 III 翻译》,第 127—133 页)

我们用同样的方法,可以看到卢克莱修作品中的主要观点和阿基米德所有作品里的总体思想之间的关联(《物理学的诞生》[②],第 17—36 页)。多么欣喜!

或者还有在我的赫尔墨斯系列第三本《翻译》(第 175—182 页)中提到的,从著名的"三阶段法则"[③]出发,证明实证主义哲学的系统性。这是个动静结合,与化学相关的生动过程。

最后还有我对"白"的证明,一下子解释了左拉的小说《梦》。这个想法收获颇丰,后来形成了我的一整部论著(《灯光和雾信号——左拉》,第 217—221 页)。

我并不觉得当我对"挑战者"号航天飞机失事和

---

① 或称"莱布尼茨三角形",该三角形是由整数的倒数组成,第 n 行有 n 个数,且两端的数均为 1/n,每个数是它下一行左右相邻两数的和。

② 该书全名《卢克莱修作品中物理学的诞生》,副标题"江河和湍流",为塞尔 1977 年在巴黎午夜出版社出版的专著。

③ "三阶段法则"由法国实证主义哲学家奥古斯特·孔德提出。孔德认为,每个知识部门,无论是个人或是群体的,都不可避免地先后经历三种不同的理论阶段:神学阶段、形而上学阶段和实证阶段。

巴力神祭礼[①]进行点对点一一对比的时候(《雕像》[②]，第13—34页)，就远离了证明。这么多例子，我还要再说下去吗?

拉图尔：是的，这些例子很有说服力。这是我刚才提的问题。一方面是综合的需求，另一方面是必须每次针对不同的问题锻造本地化的工具，我们需要在这两者之间作出协调。您的证明保留了常见的传统特征：独特、明晰、省力、闭合、完备、综合，但同时您在帕斯卡那里成功了的“定点”研究在高乃依[③]那里却行不通。

塞尔：当然行不通。定点这个结构适用于帕斯卡，仅此而已。您可能发现我从来没有从语言、神学、性别、经济或历史哲学的角度去解释《思想录》，那些都是适用于各个领域的“经典”方法，可以放之四海而皆准。我读过帕斯卡的书，我找到了一个只属于他的特点，就是这个定点，是他真正的发明，但它在马勒伯

---

① 古代迦太基人崇拜巴力神，并曾经一度有举行焚烧童男童女祭祀巴力神的祭礼。迦太基人献祭时，会将大约500个儿童作为巴力的祭品，在烈火中烧成焦炭。塞尔将这一古老祭礼和“挑战者”号航天飞机失事做了“接合”。

② 书名全称《雕像：第二本奠基之书》，出版于1987年。

③ 皮埃尔·高乃依(Pierre Corneille，1606—1684)，17世纪法国古典主义悲剧的代表作家。

朗士[①]、博须埃[②]、高乃依或笛卡尔那里都行不通。

针对左拉小说的证明无法适用于巴尔扎克的作品，而针对奥古斯特·孔德的证明无法适用于黑格尔。形式总是一样的，但待证明的问题会出现不同的本地元素。

拉图尔：是的。但是在对魏尔伦的十四行诗进行解释的时候，您不是也搬来了噪声理论吗？

塞尔：不，我没有搬用。魏尔伦的诗来自一种真实的一般机体觉体验。诗人睡着了（"你枕着胳膊，趴在桌上睡着了吗？"），并描写了他的睡眠，有点像乔伊斯在《尤利西斯》的结尾部分。他迷迷糊糊，感觉到云朵般飘浮的画面、幻视的点点雪花、阵阵耳鸣，听觉和视觉的云团把清醒时惯常的有序导向一种起伏的无序。

魏尔伦写出了同样的无序：马蜂飞舞，灰尘在透过小孔照进来的阳光里"嗡嗡"作响，马厩里乱糟糟的稻草，浇水时水洒到地面的声音。我们这些科学家要解释和背景噪声相关的更简单清晰的理论时，还要找其他的例子吗？这些例子就存在于和科学相关的文学本身：磨坊和海浪发出的水滴落的声音。诗人的内

---

① 尼古拉·马勒伯朗士（Nicolas Malebranche，1638—1715），法国天主教教士、神学家和唯心主义哲学家。

② 雅克-贝尼涅·博须埃（Jacques-Bénigne Bossuet，1627—1704），法国主教、神学家，著有《哲学入门》《世界史叙说》等。

在直觉轻易就能和我们的现代理论走到一起。我们身体本身的热度能产生出强烈的背景噪声，并自然地被我们身体“暗听”①到。

一切由此都变得无比清晰；由于身体内在的混乱，我们能听到和说出一切：语言就此开始了。魏尔伦一语道破了我们花了那么长时间在科学那里学到的东西。

在这首诗里，科学并不比诗情少。一些科学定理有时也是如此。当然，历史学家持反对意见：“魏尔伦的时代里还没有噪声理论。”

拉图尔：您对这样的话嗤之以鼻是吗？因为折叠时间。

塞尔：是的。有时在文学作品里有一些完美的直觉，能预见到一些后来才出现的科学理论。有时候艺术家——包括音乐家、画家和诗人——能在科学真理出现之前就发现它们。是的，音乐总是走在最前头。大家说的没错，没有人能比音乐走得更快。

拉图尔：这是我们在第二次访谈中说过的美妙悖论：只有哲学知道为什么文学会走得比它更远。

塞尔：甚至在科学里也是想象先行。您是想谈谈创造吗？谈到创造，怎么能不提到被我们称之为直觉

---

① 原文是“sous - entendre”（言下之意）一词。塞尔借用其两个组成部分“sous”（在……之下）和“entendre”（听到），强调这一身体热度产生的“背景噪声”是以另一种方式被倾听到的。

的东西，这是一种闪电般的、看不清又难以定义的感觉。直觉是世界上最稀有的东西，但也是所有创造者——无论是艺术家还是科学家——最共有的品质。是的，直觉先行，直觉开场。

拉图尔：也就是说，在文学艺术、科学和哲学这一三元组合中，科学是姗姗来迟的那个，但它是组织者，而文学先知先觉。

塞尔：有点像，常常是这样。我突然想到关于巴尔扎克《萨拉辛》里雌雄同体(hermaphrodite)[①]的证明。我们似乎没有在这个短篇小说里看到左右对称的结构，但一旦您抓住这种被结晶学家称为"对映体"的东西，即无左右对称之对称[②]，整个小说会变得无比明朗。您会高兴地看到在巴尔扎克的时代就已经发现了这种科学现象。对此，罗兰·巴特的分析[③]虽然细致，但仍然过于单薄，没有发现这一点。他的分析甚至是错误的，因为他似乎不知道有一些去势者，不但不是性无能，反而因为情场战绩卓越而广受青

---

① 法国19世纪现实主义小说家巴尔扎克在他的短篇小说《萨拉辛》中描写了意大利18世纪一种泯灭人性的习俗：阉割少年，使其在舞台上男扮女装表演，操控者借以敛财。

② 当一种化合物的两个分子彼此不能重叠，互为实物与镜像关系，这样的一对分子互为对映体，该现象称为"对映性"或"镜像性"。由于并不存在实际的对称轴，因此塞尔称之为"无左右对称之对称"。

③ 参见罗兰·巴特作品《S/Z》。在该文论中，巴特对小说《萨拉辛》进行了结构主义分析。

睐。一些被阉割过的狗和猫甚至还会继续在人行道上和檐槽上发情。阉割并不是人们想象的样子。

拉图尔：但这还是很难理解和接受：您的操作方法总是不同寻常，您的证明既在文本内部进行，同时又和外在于文本的、相去甚远的领域内的词汇之间建起了“短路”。但您是否有一个适用于所有证明的通行准则，能让您评判证明的好坏？

塞尔：当且仅当方法带来好结果时，我们才说这是个好方法。树好不好，看果实，看它是饱满甘甜还是干瘪。人们使用这个方法，但等到树上长果子了就不会再用了，当然是指长了最甜美的果实。

我曾经用过，现在已经放弃了。正像人们说的，我已经硕果累累。

拉图尔：现在您对作品评论已经不感兴趣了吗？您像画家一样，从一个风格时期进入另一个风格时期了吗？

塞尔：是的，到了一定岁数，这门学问和它所有的衍生领域都不再吸引我。只有某些创造仍然激动人心。有一段时间，我爱上抽象科学，然后过一段时间，我爱上具体事物的科学，因为我开始觉得，话语越深奥，越依赖于证明，受其制约，它就越无聊。哲学生命中必然有不同的阶段，既有抽象思维的时刻，也有无拘无束的时光。您把我带回了青春时光，但我觉得那时的我老了，因为那时候我还太学究，或说受到过多束缚。幸运的是，人写得越多，就越年轻，我最后从心所欲，逃出学堂，再无学堂。

为什么不问问其他事？比如为什么我决定脱离“寄生者”群体时，被哲学家们视为异类，比如什么是“noise”、超脱、五种感官、雕像、死亡、花园、整体的地球、自然契约、教育、哲学的重构。这里的原因，我倒是很想说说。

拉图尔：第一阶段的塞尔并不比第二阶段的塞尔更好理解，所以我还是想继续第一阶段的您。我们稍后再谈您离开评论的原因。

塞尔：好的，虽然不情愿，但我言归正传，继续说证明……证明遵循的是同一套标准，但从来不使用同一套语汇。所以，不同于大一统理论，我几乎是用归纳法，从作品或问题中提取不同的元素，并从这些元素出发，使用类似但又不同的方法，即我刚才说的兼具形式的和理性的思考方式。我的目的不是起始、源头或一个唯一的解释原则，因为这些东西传统上力求一致性和系统性，或产生意义，我的目的是一个布满各种关系的差异化的有机整体。

拉图尔：这里有综合，有综合的精神，但没有系统和系统的精神，是吗？

塞尔：是的，综合与系统不同，甚至也不同于方法的唯一性。综合是由高度差异化的关系构成的整体。

为了描写这个整体，我准备写一本关于介词的书。传统哲学总是在讲名词或动词，而不讲关系。所以传统哲学总是从一个神圣的太阳出发，它照耀万物；或从一个原点出发，继而展开一段赋予规范的历史；从一条原则出发，进行逻辑演绎；从一个逻各斯出发，赋予哲学以意义；从游戏规则出发，组织一场辩论……如果没了这些，便是一场大毁灭，是怀疑，是散乱，在当代引发整个崩溃。

直觉告诉我这就是您要问我的问题，每个哲学家都会被提问：您认为的基础名词是哪一个？生存、存在、语言、上帝、经济、政治，以及所有字典里的词。您从何处获得意义或严密性？用哪个以-ism 结尾的词来概括您的体系？或者最糟的问题：您在思考些什么？

我的回答是：我从各种零散的关系出发，从每一个各不相同的关系出发，也尽可能从所有的关系出发，最后把它们整合到一起。"弥散"(dispersion)，这就是我对您的回答。我想请您观察一下，我的每一本书都在写一个关系，它们常常可以用某个介词来表达。我谈论"互涉"(inter-férence)，以此来说明总是处于"居间"(entre)①状态的空间和时间；我谈论交流

① "互涉"(inter-férence)指塞尔 1972 年出版的《赫尔墨斯 II 互涉》一书，该词前缀"inter-"表示"介于""在……中间"的意思，即法语介词"entre"的意义。"entre"相当于英语介词"between"。

或契约,说明介词“和”(avec)[①]所表达的关系;我谈翻译,表达“穿过”(à travers)[②]的关系……谈论“寄生者”,表达“在其旁”(à côté de)[③]的关系……依此类推。《雕像》是我的“反”(contre)[④]书,它提出一个问题:如果没有关系,将会怎样?

拉图尔:但这个不能视为方法,只能视为风格。

塞尔:它没有被视为方法是因为它的路径是归纳的,总是卑微地从本地出发。因为它涉及的关系并不总是同一。有的是左右对称关系,是空间和时间两个维度间之间的关系;有的是噪声,是对关系的干扰;还有的是定点,是关系的参照物……人们总要问:“可它到底在哪儿?”这个问题假设了哲学家一定要预先设置一个基地、一个基础或一个准则,它必须在这个基础上坚若磐石:实体词或说名词,或某种状态恰能精妙地概括这些预设。哲学家必须待在那里,待在同一个地方。然而,当我使用为某个研究客体量身定制的

---

① 这里指塞尔在1969年出版的《赫尔墨斯I交流》和1990年出版的《自然契约》。介词“avec”意为“和”,相当于英语介词“with”。

② “翻译”(traduction)指塞尔1974年出版的《赫尔墨斯III翻译》一书。“翻译”一词以“tra-”开头,表“通过”“穿过”。翻译即“于语言间穿行”。介词词组“à travers”表示“通过”意义,相当于英语介词“across”。

③ “寄生者”(parasite)指塞尔1980年出版的《寄生者》一书。该词前缀“para-”表示“在……边上”“靠近”之意。介词词组“à côté de”表示“在……边上”,相当于英语介词“beside”。

④ 介词“contre”意为“反对”“抵着”,相当于英语介词“against”。

钥匙时，地点就开始发生变化，我于是开始游走，任湍流起伏，带我漂流。我跟随着——当然是动词“跟随”[1]——这些关系，并很快把它们整合在一起，就像语言把它们整合为介词。

拉图尔：等一下，事情有点清楚了。您之所以没有固定的元语言，是因为每一次的元语言都是研究客体给您的，那么是否存在一个您自己的元语言呢？

塞尔：有的。

拉图尔：构成您自己的元语言的词汇每一次都不一样，它们要么来自科学术语，被您移用在文学直觉里，要么相反地，来自艺术作品本身……

塞尔：两者都有。元语言来自作品，而使用它的方法则是根据数学证明的一般标准。

拉图尔：“拓扑学”一词能用来描述您的元－元语言吗？

塞尔：不能。“拓扑学”只能用来说明我摆脱了常规的度量数学，也就是超越传统的时间和空间理论。比如，我们之前谈了很久的折叠和褶皱的时间观，我很想就此写一本书。时间是整个问题的前提条件。

再宽泛一点，这个可能有些模糊的关系整体是整

---

① 法语动词“是”(être)和“追随”(suivre)在人称“我”的时候的变位一致。为避免误解，塞尔在此处强调他说的是“追随”一词。

个问题最大的前提条件。

拉图尔：好的，我明白了。您的时间本体论定义了您的“穿越”模式。

塞尔：我不确定是否能把研究所有关系的整体的哲学命名为一种本体论。但如果话反过来说，我倒是可以肯定。

拉图尔：我很想弄明白这两者的关系：一方面是对解释性的概念加强本地化，另一方面要求综合。您的综合并不是指内容，去重复某种元语言，而是遵循某种“穿越”的模式。综合就是通过这一穿越模式进行的。如果我理解得没错的话，您的元语言每次各不相同，这使您彻底远离了主导和主流哲学……

塞尔：正是如此。关系就是穿越或游走的模式。

拉图尔：但是每一次都各不相同的元语言之上还有一个相对稳定的元－元语言（不知是否可以这么称呼）？因为您还谈到了“标准”一词，您的“标准”不是由某些词、某些概念来定义，而是由一种穿越模式来定义。这一模式非常有辨识度，您能够据此判定某个解释好不好，某个证明是否完毕。这是否可以算是您的“超我”呢？

塞尔：不如说是“抽象模式”。像常规哲学那样借助于名词或动词来说话，用电报密码书写，这种抽象方式和我提出的从介词出发的抽象方式不同。

第二种方式:是运动,而不再只是文本

拉图尔:这解释了您的第一个阶段——您年轻时的学术和评论期。近几年来,您放弃了评论,转向事物。您能否像画家创作风格期一样定义一下您的新研究方式呢?

塞尔:终于说到这一点了。现在让我们忘记内容:科学、文学、人类学,甚至哲学。现在只有文本集合、情境、地点、物体。文本越来越少,物体越来越多。雕像、《五种感官》里的感觉;或是越来越大的物体,如《自然契约》里的地球。再试着忘记各门科学、文学、艺术,等等,然后试着只观察它们的穿行方式,这是科学的方式。科学不是内容,而是运行模式。

我想再回过头——不知可否这么说——谈谈我的下一本书。我们总是习惯用某种抽象风格或抽象类型进行抽象,它总是建立在动词或名词的基础上:"存在"或"我思""因果关系""自由""本质""生存""内在""超验",等等。动词或名词,这是从柏拉图至海德格尔一直沿用的抽象模式,尤其是哲学概念都是借由名词或动词提出的。

拉图尔：是陈述，而非陈述行为[1]。

塞尔：我的那些书名：《互涉》《翻译》《西北通道》《灯光和雾信号》……它们的抽象类型都属于由位移产生。我还特地把我的“灯塔”之书放到了“通道”之书的边上！远远看去，好像很难理解，但是如果走近看，这是最最简单的，简单到像说一声“早安”。我们正是对行走着的过路人和相遇之人说“早安”。

所以我不是以某物或某个操作为基础开始抽象，而是顺着某个关系、某个关联。我的书可能表面上很难读懂，因为它不停地变化和移动，但这种变化、转变、游荡、横渡，在每一次旅行中都是沿着或开辟出一条新的关系之路。甚至《雌雄同体》[2]展开的也是一种关系，更多关注的是将雌性和雄性结合起来的最紧密的关系，而不是单一地思考雄性或雌性，它同时也是一种左右对称相邻的关系。

所以必须从运行中的关系入手，并延续这一关系。既无开端，也无结尾，只有一种矢量。对，我的思考是矢量式的。矢量，是载体、指向、方向、时间向度、运动或变化的标志。所以，每一次研究显然都各不相同。

拉图尔：所以它和第一种方式不同，不再是在文

---

① “陈述”（énoncé）和“陈述行为”（énonciation）为语言学术语，前者静态，后者动态，前者为后者之产物。

② 《雌雄同体》（*L'Hermaphrodite*）为塞尔 1987 年出版的作品。

本之间的运转，而是把事物之间的运转本身当作研究客体。

塞尔:我在一开始并没有注意到这种抽象方式本身处于运转中,而不是停滞于某一位置。赫尔墨斯神和众多天使信使,是被指派负责"介词"的邮差[1],它们代表了关系,而我要做的就是"顺着"这些关系进行抽象。这就是为什么拓扑学这门关于相邻关系以及分析持续和撕裂变化的科学,以及渗流理论和"混合"概念令我深深着迷。

一旦在理念的天空里、在范畴中、在意识和主体中——我不知道——总之选定了某个动词或名词,即便它们的本意在于描写生成变化,也会产生出稳定的系统或历史。所以不如描绘出起伏波动的关系图,类似冰川的渗流盆地,它不停地改变河床,呈现出精美的水流分岔网络,其中一些分岔已经冰冻,或被冲积层堵住去路,而另一些则冲出阻碍,继续流淌。也可以类比为天使经过时氤氲的云团,或一串介词的清单,或火焰的舞蹈。

这将是一张起伏不定的罗盘图或统计图,我想在我去世之前完成它。一旦完成,你们可以清晰地看到我画出的所有关系都在运动的整体内,沿着或开辟出

---

① 在此,塞尔利用了"指派"(préposer)、"介词"(préposition)和"邮差"(préposé)三个词之间的词源关系。

一条可能道路。请注意,这将是一张展示海量的可能路径的航海图,它起伏不定,是一张非静态图。每一条道路都在生成。

拉图尔:请等一下。这是一条图上的路,还是一种勾勒出不同道路的方式?您关于陈述行为和介词的论据并不仅仅说的是网络,更是勾勒出网络的方式。

塞尔:是的。

拉图尔:是勾勒的行为,而非勾勒出的路径。

塞尔:"介-词"[①]:对于先于一切位置而存在的关系,我们还有什么更好的称谓吗?

您想象一下舞动的火焰。我在写这一本新书的时候,眼前看到的是一团火焰,它像飘动的深红色幕布,张开巨大的臂膀,消失、分裂,侵入空间,照亮空间,随即突然死去,坠入黑暗。火焰是一张复杂而灵动的网络,总是偏离平衡状态,我们可以称之为"存在者",它快如闪电,在时间中起伏,我们无法看到它的"定义",即它的边缘。

拉图尔:所以在这种新方法中有一个新的抽象方式。

塞尔:不基于名词进行抽象,即不从概念、动词或

---

① 塞尔将法语"介词"(préposition)一词拆分为两个部分:前缀"pré"和"position",前者的意思是"先于……",后者表示"位置"。塞尔借此想表达关系是先于固定位置而存在的。

行为出发，甚至连名词和动词周边的副词或形容词也不行。我“朝着”“经由”“为了”“从”“顺着”[①]介词抽象。我跟着它们走，和人们走某条路一样：先踏上这条路，然后离开。为介词命名的语法学家应该很聪明，他们早就猜到介词先于一切可能的位置。一旦我勾勒出这些先于一切论点（此处论点的意思即“位置”）而存在的时间－空间里的路径，我便死而无憾了，因为我已完成了我的工作。

不知您发现没有？与语言内的其他元素相比，介词好像拥有一切意义，但又几乎无意义，所以它同时具有了最小量和最大量的意义，就像传统分析中的一个变量。介词“de”[②]意义丰富：来源、归属、原因，想让它表达什么都行。据统计，这是人们在法语中使用最频繁的一个词，足以证明它在语言中的优越地位！从这一关系勾勒出的道路始于四面，通达八方，就像赫尔墨斯，它经行（passer）各处，只为传递（passer）[③]。同样，介词“à”和“par”也不是用于确定某些关系，而是体现勾勒关系的方式。要是换作一个动词或名词，

---

① 此处塞尔用的“朝着”“经由”“为了”“从”“顺着”等词在法语中都为介词或介词短语。

② 法语介词 de 相当于英语介词 of，可以表示来源地、所属关系和原因等。

③ 法语动词“passer”有“经过”和“传送”等多个意思。此处除“经过”之意外，鉴于赫尔墨斯神的使命，应还有“传信”之意。

就会产生固化作用。

您再看看英语里的介词。动词虽然被介词围绕，位于核心，但却像一个空荡荡的脑袋，这个脑袋上长满了各种“可能性”的头发。您在它周围加上“上”(up)、“下”(down)、“在……里”(in)或“在……之上”(over)后，它们就像一缕缕头发散乱地飘动着，也像手臂、化合价、火焰、海藻、舞动的小旗子。

拉图尔：但这就对知识地图设定了另一种定义。我们在阅读您用第一种方式思考时的诸多困难可以用您的时间观解释，那么我们是否可以说，您的第二种思考方式可以用您的“伸展”地图概念来解释呢？

塞尔：您还记得吗？我们之前说过知识的分类方式正在发生变化。知识的图景正在重塑。我们对知识的认识也发生了翻天覆地的变化。

拉图尔：在这两种定义里，对百科知识的理解是完全不同的吗？

塞尔：当然。我最后再简单说一下理解的困难。“理解”这个动词，我们知道，它意味着构成整体[①]，它是一座整体的大厦，将所有的坚固石块集结在一起岿然不动。这是多么简单化和懒惰的理解方式啊！人们认为要想理解，就必须不产生任何变化，就像一座

---

① 法语动词“理解”(comprendre)还有“包含”“包括”之意。

黑石头砌起来的蠢笨房子，砖头之间保持着相等的距离、相同的关系。

卢克莱修把我们带入了运动：在他那里，一切从湍流开始，就像您说的，湍流是个复杂且难以理解的形象。但是，如果我们跟随着它的涡流，会发现湍流集合并形成——同时也是摧毁——一个个世界、身体和灵魂、认识，等等。湍流不构成系统，因为它的组成部分是流动的，起伏不定，它更像是河道的汇聚之处，是河流和波动进入、起舞和相汇的形式。它是总和，也是差异；是生成物，也是分岔，覆盖各种量级的流量。涡流把各种关系收入混沌内，不断产生新的关系，并循环往复。

随后产生了一种黏性物质，它包含（comprendre），使人理解（comprendre），自身也在学习（apprendre），但必须承认并非一切都是坚实和固定的，最坚硬的固体也只不过是比其他东西更黏稠的流体罢了。它的边缘或边界是模糊的。它是模糊的流体。所以，智慧进入了时间，开始飘荡和起伏，那是最急速、最活跃、最灵巧的湍流……如火焰之舞。是的，这是对"理解"这一概念更深一层的阐释。关系产生了物体、存在和行动，而非相反。

来吧，站起来，跑起来，跳起来，扭起来，舞起来；和身体一样，思想也需要运动，尤其是灵活而复合的运动。

抽象从陈述行为开始，而非陈述

拉图尔：在这个新的方式里，您是还保留有科学的某些东西，还是彻底远离了科学？

塞尔：这个抽象方式和某些特别当代的科学学科里的抽象方式并没有相去甚远，它可能是对这些当代科学抽象方式的一种普及化，因为例如在数学，甚至还有物理学这些学科里更多的是关系，而不是主体或客体。

这就像莱布尼茨提出过的单子论，一种关于基础单位或原子的哲学，我提出的就像是围绕着原子的价键理论，一种关于关系的普遍理论，类似一门旨在研究天使天阶关系的神学，研究传信神使的繁杂体系。

拉图尔：等一下，这一点很重要，但是我又糊涂了。您又用了隐喻来形容您的科学研究方法，但并没有完全说服我，因为我的感觉完全相反，我认为科学里有越来越多的名词，不断繁殖扩散的物体，而您的综合元素则是……

塞尔：是关系。

拉图尔：除关系之外，还有关系的类型。

塞尔：不仅仅是关系的模型，还有这些关系模型如何建立或诞生的潜在或实际方式。

拉图尔：这是否就像您把这比喻为橄榄球赛里的

传球? 也就是说，是传球的方式，而不是球员的部署。

塞尔:在球员不动的时候,即在对抗开始之前或遇到某些特定规则,例如并列争球或争边球之前,球员部署或说固定位置才是重要的。然而一旦比赛开始,赛场关系就开始波动,传球的方式多变且起伏不定。

球被传来传去,整个队伍围绕着球转,而不是球围绕着队伍转。作为“拟客体”的球实际上成了比赛的真正主体。球在一个围绕着它运转的集体中负责勾画出各种关系。相同的分析也适用于个人:笨拙的球员踢球,带着球运动,让球围绕着他自己转;蹩脚的球员自以为是主体,把球当成客体,和蹩脚的哲学家一样;相反,最灵巧的球员知道是球在带着他玩,或者是球在逗他玩,他需要围着球转,跟随球的位置而“流动”变化身位,尤其要紧跟球开辟的关系走。

拉图尔:因此您的综合在于球的传递、移交和位置变化，而非在于物?

塞尔:您瞧,火焰是怎么舞蹈的,它经过何处,从何而来,又是怎么隐去的,火焰如何撕裂、又如何恢复、如何熄灭。它波动着、舞蹈着,划出一段段关系……这是一个“明亮”的暗喻,正巧此处就可以这么说,可以帮助理解我的意思。火焰,这一拓扑学上持续又撕裂的多样体,勾勒出鸡冠的形状,可以蹿得极高，也会刹那间熄灭。火焰勾勒并构成了关系。

拉图尔：等一下，我要往回倒一下。我觉得这里面有一个大概的赫尔墨斯概念……

塞尔：赫尔墨斯经过又消失，产生意义，又摧毁意义，展示噪声、信息和语言，缔造了音乐，然后是书写，制造了翻译以及翻译的种种阻碍。他显然不是一个被固定的介词，既然我们说到传信，他就是信使（pré-posé）①。

拉图尔：第一个赫尔墨斯操作法意味着构建"接合"，在看上去遥远的词汇之间和物体之间建立起联系，但在您眼中它们距离并不遥远，因为有折叠时间。它勾勒出关系网，对此您已经反复说了无数次，这就是您的元语言，但我们从来无法把它视作元语言，因为它每次都不一样，它随时随地发生变化。这就是您批评哲学、蹩脚的抽象方式和文理分科等问题的原因。其次，第二个赫尔墨斯操作法在某种意义上高于第一个。这是您在谈论您的新书时谈及的，您在书里第一次提到要综合。但对这第二个赫尔墨斯，我们无法用概念——即我所说的元-元语言——来定义它，并不是因为它不可定义、不可名状，或是它随时变化，而是因为它定义的是

① "préposé"一词在法语中为邮递员的意思，在此处，塞尔特地用连字符拆成"pré-posé"，意在同时强调他"先于""位置"而在的特质。

“传递”(passer)、“传球”(passes)的方式。您现在说可以对这些“传球”模式做一个综合。

塞尔:仅仅是在我刚刚定义的“综合”意义上进行“综合”。

拉图尔:您可以得出这些模式的基本原理,它们应该不会是不可数的……

塞尔:不过,您不应该相信空间意象。即便您加上虚拟的传递痕迹,这在空间中留下的网络图形仍然过于稳定。但是如果您把它投入时间中,这个网络就会开始起伏,变得不稳定,并时时刻刻形成分岔。

所以,我会以液体或气体的湍流为例,现在又以火焰为例。也许还可以从音乐里找例子。关系的类型不断变化。当我在1975年左右写《卢克莱修》《分配》《西北通道》和关于“noise”的《起源》(*Genèse*)时,这些都让我想到了噪声、无序和混沌。

拉图尔:所以您认为差的哲学抽象是针对陈述。传统哲学家的目的是把握陈述,在众多陈述中选择最能够代表其他陈述的一个,例如“生存”……

塞尔:是的(虽然“差”一词有很多意义),“存在”“本质”“意识”所有这些东西现在在我看来都像是原始的物神崇拜。雕像。是的,这些概念拙劣地模仿理解,而不是创造或促进理解,所以它们在我看来属于哲学的拜物教时代或多神教时代:涂色的石膏神像罢了。但我得承认,我对多神教和雕像有着偏好(算是一种错吧）。

拉图尔：这是您对以陈述为基础的形而上学的定义。虽然您赞成抽象、综合和论证，但您偏向关系和陈述行为这一边，因为是它们产生了所有可能的陈述。

塞尔：完全正确。

作为分散和综合的赫尔墨斯

拉图尔：所以有两个层面。在第一个层面上，赫尔墨斯在哲学家的陈述中引入了混乱；在第二个层面上，他又带入了秩序和差异化。那个制造混乱又整顿秩序的赫尔墨斯是同一个人吗？是他在综合吗？

塞尔：您的意思是"制造混乱"还是"走近混沌"？第一种情况是几个学生，像超现实主义者一样，在课堂上起哄；而在第二种情况下，我们则类似少数几个前苏格拉底时代的哲人或很多的经验论者。

我从未离开过赫尔墨斯，他的工作始终如一。他的神杖是一种漩涡，代表了一个介词："朝向"（vers），由神杖的中轴指出了一个方向；但该词的拉丁语词根"versus"来自"vertere"，意为旋转、盘绕，是两条互相缠绕的蛇[1]。赫尔墨斯手执神杖，旋转着急速飞向收信之人。介词“vers”既显示出迁移，又体现了旋转、螺旋和漩涡……即使非真，亦为妙思！（Se non è vero，è ben trovato！）[2]

拉图尔：所以他们是同一个赫尔墨斯？

塞尔：是的，因为赫尔墨斯的职责，他的游荡、创造和运动，所以他一直代表着我力求的统一性和抽象方式。同样，也是部分得益于他，统一性和综合性的意图从没有放弃彻底本地化的多样性：他经行各处，拜访各处，感受各个地方的独特性。

所以综合的可能性从出发之时就真切地存在了。如果一切重来，我可能还会沿着同样的旅程走下来。命定之爱啊（Amor fati）[3]！我爱所有发生的一切——只是如果可以重来，我希望能做得更好，更优、更美、更从容。

拉图尔：所以，之所以读者没有觉得您在进行综合证明，是因为……

塞尔：是因为这很难：如果您研究的是正在形成

---

① 赫尔墨斯神杖，亦称双蛇杖，由一根刻有一双翅膀的金手杖和两条缠绕手杖的蛇组成。

② 原文为意大利语谚语，意思是“即便不是真的，这个设想也不错”。

③ 来自拉丁语，表示一种人生态度，认为生命中发生的一切，无论是痛苦还是失去，都是好的，至少是必要的。

中的关系，您就像坐飞机从图卢兹到马德里，坐汽车从日内瓦到洛桑，步行从巴黎走到舍夫勒斯山谷[①]，穿着防滑鞋，带着绳子和冰镐从切尔维尼亚[②]登上马特峰[③]，乘船从勒阿弗尔[④]到纽约，从加莱游泳到多佛尔海峡[⑤]，坐火箭从库鲁[⑥]飞到月球上，通过信号台、电话、传真、日记从童年穿越到老年，通过名胜古迹从古代穿越到现代，或是借由心动投身爱河。“这个男人在干什么啊？”

出行方式、出行物件、出发地、目的地、经行地、速度、方式、交通工具、遇到的阻碍、所在的时间和空间……它们多种多样。由于我用了多样的方法，人们就会怀疑其中的协调一致性。事实上，我的每次出行都做好了出行模式的分析。虽然行动和操作的差异会导致事情看上去很难理解，但实际上都是建立、构建和调整好一种关系。一段时间之后，就会有数千个关系被构建起来，四通八达。此时您往后退一步，会

---

① 位于法兰西岛大区伊芙琳省和舍夫勒斯省。

② 位于意大利瓦托内切，被认为是阿尔卑斯山区最著名的滑雪胜地，与瑞士采尔马特一山之隔，

③ 马特峰，亦称马特洪峰，阿尔卑斯山系最著名的山脉之一，地跨瑞士和意大利之间的边界，位于瑞士采尔马特村西南10公里。

④ 法国北部海滨城市，位于上诺曼底大区滨海塞纳省。

⑤ 即加莱海峡，位于英吉利海峡的东部，介于英国和法国之间。

⑥ 在此指的是库鲁航天发射中心，位于南美洲北部法属圭亚那中部的库鲁地区，是法国的航天发射场，也是欧洲空间局（ESA）开展航天活动的主要场所。

看到一张画，至少是一张地图。我们会看到一种关于关系的整体理论，它的目的不在于把关系构建或加固成一种金字塔。湍流行进，火焰舞蹈。

拉图尔：这里正是难点所在。

塞尔：可能吧。我们已经习惯了基于概念进行抽象，习惯于从某处提取一个概念，然后组织起事物的整体。在那些反复强调“存在之本体论”“理念”或“范畴”、认知主体参照、语言分析等等的理论身边，人们总是感到很安心，仿佛问题总是如何建构——或是摧毁——一个坚实的建筑，其顶部或底座保证了整体的稳定性。

但我们可以在固体之外，在模糊和波动中构造。自然本身就是或几乎就是如此！

拉图尔：除非所有伟大的哲学家都曾经试图像您这样思考关系。

塞尔：您这么认为吗？实际上，莱布尼茨在他晚年时最后提出了一种“vinculum”的理论，也就是我试图描述的那种关系。他在和博斯的通信中提出了这一关系理论，后来克里斯蒂安娜·弗雷蒙出色地把它翻译为“实体链”。但是正如她在她优秀的作品中论述的，这一关系实体化了，即变成实体的产物，于是最后一切——哪怕是关系——又都回到了实体。

拉图尔：那黑格尔呢？所有哲学家用同一个论据和“本质”作战。

塞尔：他们把“本质”替换成了“存在”。微不足道的偏离平衡不足以形成巨大的位移。据我所知，在黑格尔那里，关系既不丰富，也不灵活。

拉图尔：海德格尔呢？他认为整个哲学只是形而上学，哲学应该从整个形而上学生成处开始思考。

塞尔：也许吧。此外，我要重申，我从未声称要做什么不同寻常的哲学，事实上，我的研究一直遵循着哲学传统。

拉图尔：下一次访谈我们再来探讨哲学传统。总体上是因为您构思的抽象方式使得您的作品读起来相当困难。它是抽象，但并不是从陈述开始。您希望跳过元语言的层面，把元语言留在问题本地，让它经历风险、混沌、湍流。您试图通过关系的模式进行综合。

塞尔：是的，模式。模态理论、方式、关系、联系、转运和漂流。总的来说，它们难道不属于当代的思考模式吗？例如物理学家，总体来说他们难道不在思考相互作用吗？

拉图尔：是的，但他们的元语言是研究的组织工具，是“霸权”的，完全和您追求的元语言相反。

塞尔：可能吧。但我并不是竭力模仿科学的研究方法。哲学需要的既不是主人，也不是奴仆，它从各处寻找帮手、助手和能人，但它自己依然是独立的。

拉图尔：我并不确信科学能帮我们多少，因为使用科学的方法有数千种。但您，您使用它们的方法却非常独特。您从来不用“大科学”(Big Science)。比如说，您总是借用科学理论，但从不管实验，您完全把实验科学丢弃了。您借用的总是科学自身已经非常哲学化的一面，一些尽可能纯化、过滤过、数学化的理论；此外，您只用科学的重大结论，从来不管其产生过程、实验室里真实的工作。

塞尔：真实的工作？您好像说得对，但我也离开了认识论。这些科学方法在我这里更多是起调节作用，而不是有待遵循的范式。我的意思是，我追求的是兼容性，而不是模仿。

但是，科学的精确和严谨以及对事物状态的忠实性仍然起到不可或缺的调节作用，是所有思考行为所共有的，在艺术上也同样如此。这就是我所说的兼容性：我们生活在同一个世界里，是清醒者的世界。

拉图尔：所以您是理性主义者，同时又在某种意义上把理性推广于其他领域。您模仿的不是人们认识中的科学，而是科学所提出的新的组织形式，是吗？

塞尔：是的，是广泛的关联、关系、转运和交流的构思、建构和生产，它们变化的过程如此之快，不断地实时构建出一个新的世界。我们依然还生活在一个概念、存在、物体、古代雕塑，甚至是操作法的世纪或世界，可同时我们又不断生产出一个波动的互涉地带,这个互涉地带进而又重新塑造了我们。

自人类诞生开始,赫尔墨斯就在自我更新中不断成为新的神,不仅主导我们的思想、行为和理论抽象,更主导我们的研究、技术、实验和实验科学。是的,他是我们的实验室之神,正如您指出的,在实验室里,一切都遵循着信息和人之间复杂的关系网进行;他是生物学的神,描述子宫信息或基因信息,是计算机、瞬息万变的金融和波动的货币汇率的神,是商业和信息的神,是媒介的神,产生出一个第三现实,独立于我们认为的真实现实之外,他是法律与科学之间的关系的神……总之,现在我一下子就进入了"大科学",您刚才还在批评我没有谈论它。大科学自身构成当代的条件,又把这些条件变成自身。就我看来,您试图和我一样,构建出一个能和这个新世界兼容的哲学。我们的目的不是去模仿这个新世界,也不是为它正名,而是理解它,也许还能研究它,并引导它,虽然希望渺茫。有史以来,我们第一次认为世界取决于我们。

拉图尔:赫尔墨斯就是这门相应的哲学吗?

塞尔:赫尔墨斯理解这个世界:很有意思的是,赫尔墨斯像人一样,而非一个概念,他是多样和持续的转运,而非某个基石或开端,他借助他的职责、形象和运动理解这个世界。我们要设想一个脚上长着翅膀的地基!我们把他像人一样讲述,而非逻辑演绎他;我们画出他的运动和行走,而不是建造起来他的运动和行走。我想通过赫尔墨斯,试着解释我为何走向叙事。与严谨、规则的本地解释相对应的是一个动态的总体性,叙事常常比一切理论都能更好地解释它。

所以,我在《自然契约》末尾处用了一系列的故事来解释关联、绳子、关系,系紧或松开的关系。任何契约都暗含了这种关系。短篇的故事和小说可以像赫尔墨斯那样,从一个关系跳到另一个关系,从系紧绳结到松开绳结。这种混杂性让某些人很反感,有时也会让我陷入不解。但是,我要重申,这在哲学传统上相当常见,亚里士多德自己也说过讲故事的人在某种意义上也是在做哲学,就像在某种意义上,哲思之人也在讲故事。

您有理由说亚里士多德不做证明,不用论据。我会回答您说,我的目的不在于想方设法保持正确,而是要制造某种总体、深层和合理的直觉。

拉图尔:也许我要打破砂锅问到底了……所以只有叙事才可以产生这种直觉吗?

塞尔:再以《自然契约》结尾部分的寓言或比喻为例:人类联手面对整个地球,有三大关系呈现出失衡:人类之间新近建立的关系、从各个局部出发构成的整体关系,以及最后连接这前两个网络之间的关系。人类就像在羊水中漂浮的胎儿,与地球母亲保持着千丝万缕的联系。随后故事停止,并颠倒了这一关系:不,地球自身像一个胎儿一样漂浮,并与科学母亲借由各种可能关系紧密相连。在最后的地震中，叙事者孤身一人出场，似乎通过这一层新关系——失衡、危险、感人、颤动的关系——在和地球做爱。

所以总而言之：地球是母亲，然后是女儿，最后是情人。集体的人类进入这一浮动的关系，先是作为女儿，继而是母亲，最后是爱人。当关系健康或正常的时候，这些关系便浮动着；只有在生病的时候，关系才是固定凝滞的。还有什么比使用日常词汇、具体经验和故事更能描绘这种波动的状态呢？

只有在湍流中才能描述这种波动的总体关系，才可以触及这一总体的生命和契约关系的先验条件（transcendantal），理解最广泛关系的可能性条件。

一个总体的客体——地球——在形成，与此同时，一个整体的主体在构建，我们只要在这两个总体之间思考它们的总体关系。可是我们手头并没有任何可用的理论。所以为了讲述这一思想是如何逐步构建的，我不得不以几乎是神话的方式开始，从亚当和夏娃如何相聚和分离入手，然后，把彼此被绳子牢固绑定或解除绑定的小社群们，如船只、家庭……像百衲衣一样一块一块缝合起来，直至形成一个完整的总体，就像我之前细致入微地讲述赫尔墨斯的整体行为。布块之间的缝合极少是简单的拼合，它更像是“西北通道”。

赫尔墨斯和天使的综合

拉图尔：为什么赫尔墨斯的行为不能被直接看到？是因为我们只能看到他留下的踪迹吗？

塞尔：因为他的行动是在时间的起伏波动中构建的。我们无法画出他，因为这有可能等于用过于简单和粗糙的概念、操作或动词把他固化成雕像。

拉图尔：您的科学隐喻在这里不怎么有效，因为如果说科学家们擅长什么的话，那正是这个雕像，是控制、主导和掌握。可在这里您谈的物体总是在您背后，从未在您面前。它们不是控制之物，但它们可以帮助您证明。

塞尔：也许。当我描述火焰之舞或我们与地球之间的系统关系时，我思考的是关系的先验条件。

拉图尔：是的，可是赫尔墨斯在之前的阐释中，即关于网络的阐释中，仍然是不安分的人。他自己不会分身。我们看了您的书，会认为赫尔墨斯是一个爱闲逛、没有条理、爱游走、爱招惹是非的人。

塞尔：不安分，就是喜欢在百科知识里四处走，这是个多么艰巨的任务啊！不安分，也意味着积极，不懒惰；没有条理，是对过时的秩序的批判和嘲讽，表明知识的空间已经经历了沧海桑田，它的轮廓比我们想象的更陡峭起伏。没有条理，也就是在混沌中机智应对，这也是柏拉图称呼爱情之父的名字，“应对”，或用更高贵的词说是“出路”（expédient）[①]；他不仅仅是游客，他在流浪，是穿越沙漠的可怜人；是的，甚至更糟，他大声喧哗。如果可以的话，他甚至是个贼！既好又坏，所以这又是赫尔墨斯性。您觉得赫尔墨斯可怕吗？可我觉得他应该很快乐。

更有意思的是，他还发明了里拉琴。所谓乐器，不就是创造千门语言、谱写千首乐曲的工作台吗？发明之举为无数发明打开了大门。这便是好的哲学，它的宏伟目标就在于创造先验之空间，我的意思是为未来可能发生的创造去创造可能条件。为未来可能之创造而创造。简而言之，形象地说，那便是信使工作的可能的时空。在这个乐器上，触动所有的琴弦，可以弹奏起任何可能的乐曲：它开启了一个新的时间。

于是赫尔墨斯的形象便完整了，他是全部又是个体，他既具体又抽象，他是形式又是先验，他可以被讲述。

拉图尔：是的，因为您的综合证明又为他添加了神话中本没有的特点：赫尔墨斯可以自行定义他运动的方式。

---

① 柏拉图在《会饮篇》中说小爱神爱若斯（爱欲，Eros）的父亲是波洛斯（希腊语：Πόρος；拉丁语：Poros）。“Poros”一词原意为陆地或水上通道、河床、海床、海峡等，在柏拉图这里引申为达到某目的之道路或方法、出路、资源。

塞尔:您怎么知道他原本不可以呢?是哪一个神上之神告诉您神对此无能为力?

拉图尔:您所谓的先验,就是一个能够思考并能够分类运动方式的赫尔墨斯。但这里还是有矛盾,尤其是您声称意图从关系理论模仿科学之间的协调性,但同时您又拒绝支配,拒绝对关系进行精心计算的、稳定的概念化,这些关系应该是被感受到,而不是被认识到的。

塞尔:我们可以画出一张全球风景图,但不去分类。您是否认为分类是一个高度哲学的操作?分类意味着排除,剔除第三者。我们可能需要再谈谈这头"第三者"怪兽,它反复出现在我从《雌雄同体》到《第三个学习者》的作品中。

今天除了这一个赫尔墨斯的面孔之外,我们还看到他儿子潘神死去时作为父亲的赫尔墨斯的面孔[①]。基督教时代早期受到闪族传统的影响,神话中存在众多的天使。天使有级别,众多的传信天使充斥了整个空间。您在罗马的时候有没有看到祭坛装饰屏背景上画满了翅膀?

传统哲学大部分情况下都设置了一个中央之神,他居于中心,辐射万物,如同太阳或时间的起点;而我

---

① 潘神被宣告死亡的时间,正好是基督教开始传播的时间。早期的基督徒普遍相信"潘神之死"和"耶稣诞生"有着直接的联系,即代表自然的潘神死亡之后,上帝诞生了。

的哲学更像是一片飞翔着众多天使的天幕，有点遮蔽了上帝的存在。正如您害怕的，他们不安分、混乱、喧嚣、嘈杂，总是在传递什么，但不好分类，因为他们似乎是模糊的。他们发出噪声、传递信息、弹奏音乐、画出道路、改变道路，陪同着……

拉图尔：升天的圣母……

塞尔：圣母、圣徒、教皇，他们像升天电梯一样陪同着整个他们制造的天空社会飞升！遮蔽上帝，揭示上帝。这就是我刚才说的先验：天使的时空，边界不清的巨大云团，经行的天使，通道上的巨大湍流。一窝蜂群。也许我从头至尾写的只是一门"天使学"。

拉图尔：您设想给出的这些阐释会帮助读者理解，但它们还是无法解决大众的困惑！

塞尔：还不够清楚吗？真没想到！一个信息穿梭的空间，还有什么比这更清楚的呢？看看天，就看看我们头上的天，飞机、人造卫星、电磁波、电视信号、广播信号、传真、电子邮件从天空划过。我们生活的世界是一个交流的时空。为什么我不能把它称为天使空间呢？因为天使意味着信使、所有的传信人和正在传递的消息，或是传递空间。打个比方，您知道吗，每时每刻都至少有上百万人正在高空上飞行，他们就好像悬浮于上空，一动不动，是变化中的不变量。是的，我们生活在天使的时代。

拉图尔：啊！不。我很喜欢这些天使，但是我根本不相信他们和赫尔墨斯一样。我认为这是对交流和运动模式的一个错误理解。天使的出行和赫尔墨斯不一样。

塞尔:神学家和一些哲学家认为他们好像心之所念,即刻可达。所以他们出行的速度便是思想的速度。至少一些人认为他们的速度相当快。

拉图尔:我不这么认为,因为他们不需要传递信息。但这并不重要,这是神学讨论!

塞尔:天使就是信使,他们的身体本身就是消息。天使和赫尔墨斯的区别在于他们的数量、云团和气旋。我的意思是他们聚拢时产生的混沌。罗马的祭坛屏风上有时是97个天使,有时是132个天使,有时是12个天使,为什么数字各不相同……就是因为数量多。

此外,他们是邮差(préposé),是连接关系的载体。我想象每一个天使都对应着一个介词(préposition),而介词本身并不传递消息,它们只是在时间或空间中指出全部可能的道路。

反对“碎片”颂歌,赞美柔弱的综合

拉图尔:您在谈论综合的必要性时隐含了一个问题,我想用它来结束这一次关于证明的访谈。当代哲学正从系统哲学走向碎片哲学。而您对于本地的兴趣，对于本质或生存之类的元语言的系统性破坏，并不是为了赞美碎片，赞美“本地”本身。您延续了传统哲学对于综合的意愿，所以您逃开了两个哲学形式。您反对具有唯一中心的哲学，反对哥白尼式的革命、反对上帝中心、反对乐趣来源于唯一的……

塞尔：唯一的某个地方。是的，批判、破坏、碎块或凌乱的四肢一直压在我的心头。年轻的时候，我在血流成河的战壕里看够了这些。在我的身后，战争地平线依稀可见，始终在刺痛着我，推动着我。

我们能不能学一点材料力学？它会告诉您碎片哲学是保守的。为什么？我们拿一个花瓶或某个更坚固、更大、构造更精良的东西举例：东西越大就越脆弱。现在您把它打碎？碎片越小，越坚硬。因此，当您制造碎片时，您其实是躲在一些地方、一些“局部”，它们比总体建筑更坚固。破坏者自身都恐惧破坏，因为他们只保留最难以破坏的东西。所以到最后，我们知道即使使出天地巨力，粒子仍不可分割，元素浑然一体，无法攻破。所以碎片哲学是超级自卫的，它产生于过度批评、论战、战斗和仇恨。它制造出能最有效抵抗最强进攻的东西。原子制造了原子弹，用原子弹的威力抵抗原子弹。

相反，建构大者则走向脆弱，并接受脆弱，以脆弱之躯冒风险。追逐碎片只是自卫。和战争武器一样，碎片哲学是一种保守战术。博物馆收藏碎片、部分和残件。碎片哲学是博物馆哲学和哲学博物馆的叠加之物:双倍的保守。

建构大者需走向至弱,所以综合需要弱者之勇气和果敢。和人们以为的不同,最大的东西都是脆弱的,尤其是有机体。我想建构一个达到脆弱极限的整体,因为关系有时是极度易变和不稳定的,和气息——灵性的气息?——一样呈现动态或湍流,所以比起形而上学所建构的、破坏性批评所预设的坚固金字塔,它们要脆弱得多。永恒时间的大历史观就秉承着同样的逻辑,同样显得很坚固。要摧毁这种硬物易如反掌啊!

拉图尔:您批判“金字塔建筑”并非因为它追求宏大,而是因为它试图以陈述出发,建造宏大模式。您所有反对体系的论据都不是为了批判宏大或是体系结构,对吗?

塞尔:不,我喜欢宏大,它意味着伦理,还有审美,为什么不呢?没有真伪或美丑,只有宏大和微小。弱小的组成部分,散乱的碎片,成千上万场“坚固”的战争为的是脆弱的和平!

拉图尔:所以才要建构体系。

塞尔:需要吗?我不知道,但如果哲学始终是碎片,它不值得活过一个小时。又硬又小,从词源上讲就是“平庸”(minable)[①]。

拉图尔：人们常常认为宏大的哲学体系即将终结。您是在嘲笑这种刻板印象吗？

塞尔：当所有人都表示周围走不通的时候，就意味着是该站起来、跑起来了，像赫尔墨斯或天使那样快速飞行。

构成“体系”的“物质”至少从柏格森开始已经“迭代”了。它比起固体更像液体，比起液体更像气体，不像物质，更像信息。总体正逃往脆弱和轻盈，逃向生命体，逃向气息……逃向精神？

是的，火焰之舞，它的力量来源于轻盈。所有非固态的身体都从柔弱中获益。比起力量和硬度，人们用脆弱可以做出更多的东西。柔软比坚硬更持久。是的！伟大的变革都借助于失败者而来，甚至达尔文的进化论，也许还包括所有的历史进程。请允许我这么说，推动历史车轮前行的正是失败者。请别忘了，我的失败者的意思是穷人、被驱逐者和最悲惨的人。我甚至相信，在上帝所有的特征中，神学家和哲学家都忘记了无限柔弱这一点。上帝难道不更应是幂零(nipotent)[②]，而非无限全能(omnipotent)吗？

---

① “平庸”(minable)一词内含有词根”min-”，意为“小”。

② 幂零(nipotent)为数学术语，指自乘若干次(方)为零的式子。该词由拉丁语“nil”(零)和“potens”(能力)构成，意为“无能的”，是“万能”一词的反义词。

至于历史，它如同一个贫血患者，踉跄前行或后退。大多数情况下，人类的进步得益于孩子、女人、老人、病人、疯子和赤贫之人。我们的肉体是柔弱的，我们的精神是虚弱的，我们的进步是脆弱的，我们的关系是沉闷的，我们的作品是由肉体、动词和风构成……剩下的一切都在强者的招摇中萎靡。强者以为他们掌管一切，其实他们只发动了战争，带来了死亡和破坏，让世界再次回归碎片。正是这些成年人在追逐原子弹碎片化的致命爆炸力。

所有坚固的、晶体状的物体，貌似强大和坚硬，意图抵御甲壳和鳞甲、雕像和城墙、张扬的黑骑兵、螺栓固定安装的机械……所有这些东西都不可避免地像恐龙一样过时、衰弱。而流体、大部分生命体、交流、关系，它们无一坚硬。它们脆弱、散乱、流动，风一吹就会消失，被抹去，归于虚无。自然就像一个柔弱的婴儿，它诞生，即将诞生，准备诞生。

拉图尔：这是一种关于“柔弱”的综合？

塞尔：我试图要形成、组合的东西是一种“湍流汇聚”(syrrhèse)①，我不知道该用哪个词形容，它不是一个系统，它是流体交汇的流动点。它是一些涡流、

① 该词为塞尔创造的新词，借用希腊语 σύν(意为“共”“和”)和 ῥεῦσις(意为“河流”)，旨在表达多条湍流的汇合。最早提出见塞尔 1985 年出版的《五种感官》一书。

天气图上紧贴反气旋旋转的气旋；它是草绳结，关系集合，是天使经行时的云团，还有火焰之舞。生命躯体就这样舞蹈，用整个生命。柔弱和脆弱隐匿于它们最珍贵的秘密中。我要让一个婴儿诞生。

人是所有的柔弱之母。动词来自婴儿的啼哭，生命来自偶然的相遇，思想来自瞬时的波动，科学来自“噼啪”一声后随即消失的直觉。生命和思想离虚无近在咫尺，尤其当人走近柔弱时：女人、孩子、老人、病人、疯子、穷人、赤贫之人、饥饿的人、可怜人。

于是第三者从防护门[①]进来，重新出现，他哀怨悲伤，不可辨认：这是为第三世界甚至是第四世界开启的哲学。比起富有的西方，比起拥有原子弹盾牌和航母却只用它们来屠杀悲苦之人的西方，这些贫穷的世界更肩负了我们的未来。衣食无忧者沉睡于武器的荫翳下，而最弱者承担了伟大和创新。

---

① 防护门(porte de service)原指在两个不同生活用途空间之间的门，例如室内通往花园的门、生活区与地窖或洗衣房之间的门等。

访谈四　批评的终结

拉图尔：在我们之前的访谈中，我们解决了理解您作品的一些困难。您经历了三次转变：从传统科学到科学革命、从科学到哲学，然后从传统哲学到文学和神话。在这一路上，您逐渐远离导师，也没有门徒……在我们的第二次访谈中，我们最终澄清了——但愿如此——说您在“写诗”或说您“文笔不错，但意义相当晦涩”的可笑指控（或是赞美，那就更糟了）。您以当代数学的方法进行“接合”，但您所比较的领域非常广泛，以至于您不得不借助风格，而不是形式语言。通过对日常语言的变化和加工，您让日常语言变得比形式语言更精准。进一步扩大比较研究法和理性主义，并进行严谨的证明，这就是风格的作用。

塞尔：风格一旦沦为装饰便会散去。何必靠风格装点门面？风格揭示了方法：在数学上，吉尔 - 加斯东·格朗热[1]认为，格拉斯曼[2]是一种矢量风格，而欧几里得是另一种风格，等等。古典主义的严谨性和代数字母的精确性都依靠一种完美的形式，正是这种完美的形式把拉封丹的寓言几乎变成了数学定理，把高乃依[3]的悲剧变成了真正的政治人类学和法学领域的著作，并比后两者要有意思得多。哲学家发明词语、句法，甚至是文学形式：对话、随笔、沉思录、漫步遐思……

拉图尔：我们解释了"有知识的无知"以及您在"无知"和"博学"两个世界间的双重性。

塞尔：我们可以说知识有两面吗？一方面，知识心心念念想着验证，背负着期待确信的沉重包袱；而另一方面它又希望冒险、创新、不断发现新的事物，总之就是创造力。

我们最好不要把第二面归并到第一面里。应以其一起步，以其二继续。知识的运动只能依靠自身，就像语言(langue)只能依靠舌头(langue)。风格什么时候来？它吹起波浪，轻轻一层水花，随后带浪前行，

---

① 吉尔-加斯东·格朗热(Gilles-Gaston Granger，1920—2016)，法国哲学家。1968年在法国阿尔芒·科隆出版社出版了《论风格哲学》一书。

② 赫尔曼·君特·格拉斯曼(Hermann Günther Grassmann，1809—1877)，普鲁士数学家。

③ 高乃依和拉封丹都属于古典主义文学的代表人物，以语言的简洁清晰著称。

水浪继而形成漩涡，随后翻滚成浪。创新随即而至，就像诞生在海水中的全新的阿佛洛狄忒。

拉图尔：后来我们还尝试解决几个更难的问题，澄清了指责您泛泛而谈的批评（或也有可能是赞美，那就更糟了）。我们明确了您综合的意愿，但您的综合并不在言语中，也不在元语言中。解决方法总是本地的、内在于作品的，只能用一次。但这些解决方法一旦建立就可以稳定地发挥效用。正如您说的"它勾勒出一张图"，但条件是必须先重新审视百科知识的定义。

塞尔：所以从这个意义上，再次证明所有真正的哲学家都是全科通。我们可以在他们那里看到他们所处时代的整个百科知识，如柏拉图、亚里士多德、圣托马斯·阿奎那、笛卡尔、莱布尼茨、帕斯卡、黑格尔、奥古斯特·孔德……甚至还隐秘地体现在柏格森那里。康德的写作范围包括数论、几何、天文学、地理（他甚至还读过索绪尔[①]最初几次登上阿尔卑斯山的故事）、人类学、历史……还有神学……您会把他称为全科通吗？哲学的基础是知识的总体。从事哲学的

① 贺拉斯-贝内迪克特·德·索绪尔（Horace Bénédict de Saussure，1740—1799），瑞士物理学家、地质学家、博物学家，被认为是登山运动先驱。著有四卷本《阿尔卑斯山游记》和《论大气湿度测定法》。

人必须涉猎广泛：至少要完成赫拉克勒斯[①]的功绩。

确实，我要求自己努力涉猎百科之国的各个角落。今天百科知识的布局并非井然有序，或者说我并没有按照常规的秩序做研究，又或者更确切地说，今天的知识秩序有些混乱，必须从中找到一种理性。这就是难点所在。而我的书正是在渐渐地勾勒出百科知识国度的地图，画出这张地图里每个地区的历史时刻。是的，我们这个时代最美好的问题之一就在于重新审视知识的混沌。我已经在努力尝试。

我相信，这一场旅行尚未结束。通过它，我正在一点一点构建起一种关系理论。这正是我研究莱布尼茨的原因：据我所知，是他第一次提出了交流的哲学，关于实体的交流，而非关系。这也是为什么我在"交流"前冠以"赫尔墨斯"之名。另一方面，当科学把一个已知问题替换为导致这一问题的关系总体时，它就能往前走得更远。

拉图尔：我们能不能就这么问："伦理是什么？政治是什么？塞尔的形而上学是什么？"

塞尔："您在哪儿？""您站在哪个角度说？"这些问题我不知道，因为赫尔墨斯一直在运动；您不如问他：

① 古希腊神话中的大力神，宙斯与阿尔克墨涅之子。由于其出身而被宙斯的妻子赫拉所憎恶，因此遭到赫拉的诅咒，导致其在疯狂中杀害了自己的孩子。为了赎罪，他完成了十二项"不可能完成"的任务，也称"十二功绩"。

"您正在画什么路线图?""您正在编织什么网络?"至少在当前无法用单一的某个词、某个名词或动词、某个领域或某个专业来形容我工作的性质。我只描述关系。直至目前为止,我们只能说是一种关系的总体理论,或者说"介词的哲学"。

关于伦理,我希望我们可以在后面来谈谈。我希望能在去世前写一点伦理方面的东西,同样还有政治。

拉图尔:至少在我看来,我们说得很清楚了。但是我今天希望能解决一些阅读时遇到的最大的困惑。看不懂您的书不是因为技术的原因,这一点我们此前已经分析过,而是因为一个根本原因:您的哲学基本观或您的哲学时刻。我觉得这个根本原因可以由一句话来定义:"批评的终结"。为此,我想向您提几个您不大喜欢的问题。请您对您所处的哲学时刻分别从反面和正面进行评价。

远离知识哲学

拉图尔:首先,您是否对所有和知识哲学相关的东西一概不感兴趣?

塞尔:是的,一点都不感兴趣。在写第一本《赫尔墨斯》的时候,我就写了一篇文章,目的是远离认识论。我们之前说过这是一篇相对于科学成果而言的冗长评论。

评述、批评、评判、标准，甚至包括基本理由，都不如被评判或被批评的事物本身更可信或更有趣。所以认识论作为科学的反思毫无用处。重复意味着更少的信息量，信息在一遍遍的抄写链条上逐步降级。科学是自治的学问，所以无需外部的哲学。请允许我说，科学自带“内部认识论”。说到底，科学哲学不就纯粹是唯科学论的广告吗?

拉图尔：但认识论提出了一个您一直没有说出的问题——合理性，不是吗?

塞尔：认识论没有提出这个问题，可能从启蒙时代开始它就认为合理性已经解决。认识论正是诞生于启蒙时代后：古典主义时代的哲学家在开创科学的时候还没有认识论，您难道没有注意到这一点吗？所以认识论这个学科恰恰显示出哲学家在创新上已经落于人后了。

认识论意味着唯有科学才存在理性，但这种预设既非理性主义，也无对合理性的确切有效的描述，而只是一种绑架，或者我称之为广告。

因为您可以在除了经典科学之外的很多其他领域内找到理性，好的理性。同样，您可以在科学里找到和奶妈故事里一样多的神话。当代最神奇的神话就是设想存在一种剔除一切神话的科学。其实相反，在神话学、宗教或《圣经》这些只播撒非理性的所有领域中也存在着理性……从某种意义上说，理性是世界上分布最广泛的东西。如无意外，每个领域莫不如此。所以，百科之国的每个地区都是混居之地。

拉图尔：是的，但您的立场可一点也不非理性。

塞尔：完全正确，我是个理性主义者。和所有人一样，我的大部分行为和思考都是理性的！但是如果把理性定义为我们只能在科学中找到的某种成分，那么我就不是理性主义者。这个定义过于狭隘，它本身就不合理，所以最好拓宽一下对理性的定义。是的，我是理性主义者。没有失去理性者如何自称非理性？但这个理性主义可以同样适用于科学地界之外的其他领域。在这一点上，17 世纪的哲学在我看来比之后几个世纪的哲学更合乎理性，而正是在此后几个世纪里我们说的科学才独占理性。

此外，我所属的一代人完全受到科学的熏陶，但又不像我们的前辈那样受制于唯科学论。换言之，对我们而言，科学不是一场战斗，更不是一场圣战。我这一代人经历过科学力量上升的时代，同时也见证了它所蕴含的伦理问题。

所以我们对它既心怀一份平和的敬意，同时又坦然地保留了一份不可知论的余地。在我们眼中，科学不是绝对的善或恶，不是全部的理性，不是对存在的遗忘，它不是我们前人口中的魔鬼或上帝。它只是一种方法，仅此而已。但它是所有方法的集合，在社会上的重要性与日俱增，以至于这一方法集合如今成了西方唯一的历史项目。是的，哲学问题就此产生。

拉图尔：您的出发点依然是科学，尤其是数学。您想模仿的依然是科学的特质和方法。您继续向科学借用元语言。但是您所感兴趣的问题和99%的当代科学哲学研究的问题——包括法国的和美国的——之间存在巨大的差异，为了说明它们的差异，需要在真正意义上的科学和非真正意义上的科学之间做出区分。您从来没有想过这个问题吗？

塞尔：没有。如果科学史能说明某些事情的话，它会表明这条边界始终起伏不定，从天涯漂移到海角。任凭谁都可以给出一千个例子，不久前算不上科学的知识突然之间就变成了科学。您瞧渗透理论。此外还有很多反向变化的例子，不是吗？15年前在我刚开始研究混沌理论的时候，很多出色的数学家就使劲嘲笑我。而他们现在不得不拼命奔跑赶上来。我给您一个忠告：每当有人评价事物，说这不是科学（或者：这不是哲学）的时候，您要注意了，这话可能瞬息之间就被翻转。相反地，一些原以为是金科玉律的东西也可能转瞬就会过时。明天一早，我们就可能对某些人文科学嘲笑不起来了。

要做出这样的区分几乎需要借助神力了：用剑劈开红海，帮助希伯来人出埃及。在这里硬物的比喻就不好使了，我们要说说轻柔的液体：不要以为科学之间或科学与其他知识之间的分布就像被海岸线分割的大陆一般边界分明。根本不是这样，它们更像大海：谁能区分出印度洋和太平洋的分界线呢？大陆彼此分割，而水则彼此交融，就像明与暗一样边界不清。

拉图尔：所以，如果说理性主义的理性在于明确区分出科学与非科学、理性与非理性，而您的理性则与此有很大差别。

塞尔：泾渭分明的区分操作很快就让研究丧失了意义，或除了贻笑大方之外别无发展可能。奥古斯特·孔德、康德、黑格尔及其他人都曾经试图勾勒出这些区分线。但一朝一夕间，新的创新便一下子把它们抹去，或对之嗤之以鼻。

我们现在找到的行星比黑格尔在他著名的论文[①]中预见和确定的数目要多；拓扑学空间嘲笑了康德的先验美学；天体物理学把实证主义的禁忌踩在脚下，请允许我这么说。所以该相信谁呢？时间随意地摇摆这些区分线，甚至包括我们曾认为完全符合理性的区域。您还记得马克思主义对概率计算、物理学非确定性和资产阶级生物学的批判吗？

拉图尔：现在让我们谈谈语言哲学吧。您瞧，我正试着回顾您未谈及的哲学，但可能正是它们组织

① 黑格尔在1801年为取得耶拿大学博士学位撰写的拉丁文论文《论行星的运转》。

起了读者的思路。

塞尔:我很害怕您提出的这类问题,一直试图把我定位于——还是用这个术语词——某个不如您熟悉的领域中。我不得不承认这一点啊!写作的人很少看书,因为没有那么多时间;如果看很多书,就永远写不了东西。写作会消耗整个生命,因为它需要离群索居,夜以继日。所以我变得很无知,尤其是在哲学上(但私下里说,我倒是希望这样)。所以,您问我的问题我几乎不可能回答:您让我指出自己和某些作品或观点间的异同点,但我只是听说过这些作品,或对这些观点隐约有些了解。

要说明语言,语言的实践和语言的分析同样有效。我的意思是为了阐明语言,语言风格的训练需要语法的监督。我们知道:一直推崇并热衷于语言分析的哲学有很大的批判作用,因为它能防止人们说蠢话。确实,我很欣赏语言哲学,并推荐我的学生去学习,我自己也参与实践。我和您说过,我甚至是第一个在法国开设数理逻辑课的人,但我也同样发现自己付出了巨大的努力,但相对而言收效甚微。耗时耗力,工作量极大,最终成果却几乎原地踏步。维特根斯坦本人不也表达过相同的意思吗?

我还必须得承认:我想快速前进,哪怕跌倒,留下一些缺陷。即便在那些最大限度求稳的人那里,又有谁不会在某个时候犯错呢?保稳可能意味着静止不动,而我更希望冒着犯错的风险去创新。哲学上是这样,生活中也是如此;生活中如此,科学也不例外。

我想请您看一下《第三个学习者》的“文体家和语法学家”一章,在第122到138页。我在这一章里的观点正是回答了您的问题:这篇文章更像是一出戏剧,而非对话。语法学家以多面示人,代表了您所说的学校里书写事物规则的逻辑学家;而文体家则是身着艳丽服装,代表了法语这所学校的颜色。但我希望您还记得《五种感官》第118到124页,这几页更好地回答了您的问题。这本书的灵感来自一个宏大的“短路”。

我年轻时读到梅洛-庞蒂的《知觉现象学》时笑了半天。他在开篇时说:“在研究知觉(perception)之初,我们在语言中找到了感觉(sensation)的概念……”您不觉得这段开篇很典型吗?书里举的例子干巴巴的,从中引发的描写不也很典型吗?他透过窗看到了一棵叫不出名字的开花的树,他的手撑在书桌上[①]。再比如,一块红斑出现了[②]:这些都是引用。您可以在这本书里看到一种属于大城市居民的民族学:这些人被超级技术化,被智性化,坐在图书馆的椅子上挪不开腿,被悲惨地剥除了一切感性经验。我们有

① 参见胡塞尔《纯粹现象学和现象学哲学的观念》第一卷。

② 参见梅洛-庞蒂《知觉现象学》第一章“感觉”。

很多的现象学，却没有感知：一切都在语言中。

后来读到更近一点的儒勒·维耶曼[1]的《逻辑与感性世界》(*La logique et le monde sensible*)[2]的时候，我又笑了，而且笑得更欢了。他在书的开头照搬了序结构[3]的公理，就像初三学生的代数课本。所以，两个对立的学派——分析哲学和欧陆哲学——之间形成了“短路”，“回到事物本身”的路程中遭遇了同一个障碍……一种“程序”障碍。

我跃跃欲试，激动地想要跳过去。所以，不知不觉间我写了一本教科书。连幼儿园的老师都要求我加入他们的工作：大大的回报啊！

在我们周围，语言代替了经验。柔软的符号代替了坚硬的物体：我无法把这种替换视为对等，它其实是滥用和暴力。铜钱的声响没有铜钱本身值钱，饭菜的香味不能填饱饥肠辘辘的肚子，广告不等同于质量：但说话的语言(langue)却遮蔽了品尝味道或接吻的舌头(langue)。《五种感官》正是为了批判符号的霸权。

---

① 儒勒·维耶曼(Jules Vuillemin, 1920—2001)，法国当代哲学家、认识论者。曾经在巴黎法兰西公学院担任知识哲学教授讲席，也是莫里斯·梅洛-庞蒂的继任者。

② 《逻辑与感性世界》，副标题“关于当代抽象理论的研究”，巴黎弗拉马利翁出版社出版于1971年。

③ 一种特殊结构，由集合及在其上规定的序关系组成的数学结构。

最后，我请您不要让我做出什么评判。与其不明所以地歪曲批判，不如说出自己的发现。

拉图尔：您就这样为我们消灭了科学哲学。

远离评判的哲学

塞尔：噢，别！不要用“消灭”一词。开除某人某事的行为在我看来是历史上，甚至是人类进化史上最为阴暗的一招。不，不要消灭。反过来，要广纳百川。我建议研究分析哲学以及相关的思想，它们难能可贵，有教育意义。它们是优秀的学说，甚至可能是最好的学说。还有什么呢？还有我之前说的哲学史、证明，甚至是广义的知识：这些都有利于培养和教育，有利于学校。

但学校教育的目的是不再教育。人到了一定年纪，最好走出学校，就像从农业学校学完技术出来应该自己学会种地。教育结束之时便是成人之际。教育的终结或目的都是为了创新。

拉图尔：现在让我们谈谈怀疑哲学。

塞尔：请您不要让我做评判，不要让我对远在天边那一头的哲学简单说两句，因为这可真是难为我了。但是这些思想确实吸引了很多当代人的注意力，魅力持久，例如被保罗·利科归入怀疑哲学的范畴或类别里的思想。

我远离怀疑哲学有两个原因：首先，它伺机而动，盯住某个人，等他藏起或以为他藏起某物的时候，就从他背后一把逮住他，抓个现行。但同时又有第三个人在某处伺机而动，黄雀在后，躲在第二个人背后，等他掏另一个人或同一个人的口袋的时候把他一把逮住，以此类推。您可以想象，这将是一串长长的队伍。因为有第三者的介入，怀疑开启了无休止的诡计，如同一连串警察抓小偷的链条。于是，哲学完全成了“侦察”模式：一个警察总是需要背后有另一个警察的监察。哲学躲在每个人的背后，鉴察人心、试验肺腑[1]。它自己必须得没有后背、心脏或肺腑吧？所以我们就掉进了一个侦探逻辑里。最好的侦探应该是不可被质询的人，因为他把自己置于不可怀疑的位置。

所以批评的最终目的是逃脱一切可能的批评，让自己无懈可击。它躲在所有人背后，并让所有人相信他没有后背，也没有心。他提出一切问题，以至于让其他人对他无可提问。换言之，最优秀的警察也是最聪明的小偷。批评哲学最终成了侦探杜宾[2]，一个您认为无懈可击的人。

---

① 原文为固定表达“sonde le cœur et les reins”，意为“审查心脏和肾脏”，“心脏”代表思想，“肾脏”意指情感，语出《耶利米书》17：10。

② 美国作家爱伦·坡在《莫格街谋杀案》《马里罗盖特的秘密》《被窃的信件》这三部作品中塑造的业余侦探形象。

更确切地说：该如何称呼这个躲在所有人背后、自己却绝无后背的人？上帝。所以不要去相信那些把信守其哲学思想的人置于奥古斯丁位置的哲学，他们自以为全知全能，永远正确。这样的哲学永远不过是兵行诡道罢了。

您想谈谈伦理吗？我的伦理观不允许我参与这种游戏。我在一开始就承认，我不是永远正确的：求同存异是正直的学术操守的基本条件。

拉图尔：是的，这是您作品的一个显著特点。对此，我们稍后再说。您持有积极的态度，而非批判的态度。我们甚至可以说您是个“积极派”（positiviste）[①]，可惜这个词已有其他意思……我们再回到刚才的问题，当整个学术圈都沉浸在怀疑里的时候，您为什么却没有成为怀疑论哲学家呢？您为什么如此天真？请允许我用这个词。

塞尔：自从哲学进入大学，或自从它只在大学里发展后，批评哲学便应运而生。

为什么我要远离它呢？因为我不喜欢混吃混喝，我刚才说过，我讨厌投机取巧，就像讨厌所有的作弊行为。我写《寄生者》并不是毫无目的的。“寄生者”说的就是寄居在他者体内、不被寄主怀疑的动物。所

---

① “positiviste”词根为positif，意为“积极的”，但目前该词固定意义为“实证主义的”“实证主义者”。

以，创新的第一戒律便是：你们想要有新发现吗？那就停止作弊。第二法则是我喜欢前进，不喜欢后退。

我们知道什么是后退吗？为什么我们后退时总是别别扭扭的？因为批评喜欢对一个已有的过程提取可能条件，并常常混淆了必要条件和充分条件。我们今天能举杯同饮的必要条件是总体性的：这片土地、这株葡萄、慷慨而珍贵的阳光、一方土地、一些人、生育了我们的父母、造就了我们的时间……这些是必要条件，它们显而易见、平淡无奇，但无法解释真正要紧的东西，即当时的你我和今天此时此地的你我会说出同一番话。所以我们必须要找到充分条件。

而批评总是提取出总体和一般的必要条件，所以我们只有这些：父母、历史和经济……这些条件对所有人和所有事都适用，总是很容易找到，因为它们流淌在所有的小溪里，但用处不大。某个人，他和所有人包括我和你一样，可能有一个父亲，他或严厉或慈祥；有一个母亲，她或温柔或粗暴。他吃白面包或黑面包，生活在某个国王治下或一个独裁社会里。那么，我该怎么解释他何以能写出某出戏剧或天文学论著呢？只有一个充分条件能让我们挣脱出这座单一的牢笼，但我们一直没有掌握它，“有限”之人无力获得。有谁能找出库普兰①写出某首经文歌的必要条件呢？所以这又是一次查询无果：必要条件的查找流于俗套，没必要做，而充分条件至今触碰不到。这就是难堪的后退。

所以批评就一直卡在流于俗套和触碰不到之间。

拉图尔：那么，我们上次说到的"关系的先验条件"和可能性条件不一样吗？像康德那样试图构建和保证一种基础的计划，您一点都不感兴趣吗？

塞尔：这种基础要是能找，早就找到了。

拉图尔：所以关于一切可能关系的哲学既不是一种基础，也不是一种可能条件？

塞尔：确实，拉丁语里的"条件"（conditio）一词意思是"奠基的行为"。我们不可能为某种运动构建基础，漩涡或火焰不同于坚固的建筑。

拉图尔：您远离批判哲学还有什么其他原因吗？

塞尔：应该说我在批判哲学的实践中受到冒犯，这事关一种职业道德。它节省了大量的劳动，比如说它把科学悬置起来，或质疑起来，不做细节研究，却力图寻求它们的条件或基础。可真够省事的！偷懒、无知、作弊的好理由。与之相对的，科学哲学家骗人的

① 弗朗索瓦·库普兰（François Couperin，1668—1733），法国著名的音乐家族库普兰家族成员，巴洛克时期著名作曲家，也被称为"大库普兰"。

就少:他们工作起来像挖煤工人一样不遗余力[1]。我非常欣赏矿工,他们实地劳动、踏实肯干,手里攥着工具、掌心里磨出茧子、脸上蹭了泥。而批评者呢,两手白净。历来人们对评价的说辞就很中肯,批评总是轻巧的。

与其评判,不如动手干;与其评头论足,不如就地生产。去挖煤才能知道煤是黑还是灰。与其批评,不如创新;与其抄袭,不如发明。

拉图尔:您从道德层面反感批评和批评实践,是吗?

塞尔:我们稍后谈一谈哲学是从什么时候开始了它的审判时代。要创造新的事物难度极高。如果说哲学值得我们花费一个小时来研究,那必定是为了发现新事物,或者最好能产生新事物,而不是对已有的事物评头论足。与其做个裁判吹哨,不如自己上场比赛。您刚才说的哲学都是属于审判型的,标榜自己具备真理、明晰、合理性、现代性,忠于存在……因此它们是学院派的。它们分类、排除、承认、打分。但在我看来,真正的评判或对法律的尊崇应该体现在别处,我等会儿再说。

哲学希望创造一个政治的、伦理的,或思辨的新世界,而不是蜷缩在某个易守难攻的据点内,用不知

---

① 法语中“去挖煤”即表达努力工作、不辞劳苦。

从哪里承袭来的权力面对所有的话语，承认或审判其现代性、合理性或明晰性。

但这不是主要的，因为根据我自己设定的前提，我刚才的话就有失公允地陷入了（对批评的）批评。如果大家对法律感兴趣，比如说我，就必须看到我们的传统——自前苏格拉底时代开始，经由柏拉图、亚里士多德、斯宾诺莎、康德直至黑格尔——都在努力发现一个有趣而精确的地方，从那里我们能同时看到法学和科学、科学规律和法学规律这两种理性。但这个地方不是批评，因为它必定存在于法学外部，且具有建设性。我有时候想，这个地方是不是不够有力，还无法描绘出西方哲学的特点。如今的严峻问题都是产生于这个地方。我们不能舒坦地坐在审判椅上，而应该去创造新的法律。

当代的重大问题，从广岛的那一个上午开始，都经历过所有法律与科学之间的关系。我们必须重新创造这些关系的交织地带，必须创造一种新的哲学让法学家能创建新的法律，让科学家也许能创造新的科学。因此，批判时刻并不在于给予哲学审判一切的权力，不是让哲学以奥古斯丁自居，自以为是（错判乱判），而是赋予哲学以动手、创造、生产的责任，让它生产、创造、言说法律，知晓并应用科学的条件。

拉图尔：所以您排斥评判的哲学并不意味着您排斥法律哲学？

塞尔：当然不排斥，完全相反。

拉图尔：您认为在这些批判运动中毫无生产性的，不在于它们的思想，而在于它们的趋势。它们不像手艺人(artisanal)那样生产？

塞尔：或者说不是“艺术”(artiste)，我是指该词的希腊语意义。批评既不诗意，也无生产性。您不认为所有这些趋势都像绝版货吗，标志着终结，毫无活力也再无出发的可能？

远离哥白尼式的革命

拉图尔：我们其他人，即您的读者们，我们都是在这种类似“家族末代儿孙”“绝版货”的思维中成长起来的。因为我们相信总有一些决定性的最终革命，彻底引起天翻地覆变化的哥白尼式的革命。在科学上，这是巴什拉主义者很熟悉的认识论断裂；确实如此，至少在政治上、在哲学史上确实如此。这些革命阻止我们与活生生的过去沟通，因为过去是一去不复返的，这一点我们在第二次访谈中说到过。但我现在还想回过头来说一下，因为这种对彻底革命的信仰也有它积极的一面。它让我们变成现代人，但我觉得它同时也让我们难以读懂您，您对科学的批判并不持有批判态度。

塞尔：我明白您的意思。您知道吗？像您说的以革命切分时间是我们的一种古老的习俗,是纯粹西方式的思维方式。我们都是在一种和“古代”相伴的文明中生存和思考。您对比一下其他地方,难道不觉得这种想法很奇怪吗?到了某个时间点,一切停止,从零开始,前一线段里的负数就被抹去了。中国人或印度人都不是这么计算的,而我们思考和生存的历史则呈现出您所说的节节断裂。

这一模式同样应用在科学中:史前时代里科学尚未存在,这段时间如同一段被埋葬的旧时光。然后突然,科学就到来了。有多少哲学家在玩弄这种套路?在古希腊之前,没有人思考,随后突然出现了希腊奇迹,创造出一切,包括科学和哲学……或者简而言之,他们区分出我之前和我作品之后的两个时代……笛卡尔、康德和其他哲学家就是这么做的,在科学领域有伽利略、拉瓦锡、巴斯德。但是如果我们弱化这种套路……并不时地用另一种眼光看待我们的科技成就呢?例如在《雕像》一书的开头,“挑战者”号事件非常规地和迦太基的巴力神祭祀传统联系在一起。是的,很多的表象、行为、举止或当代思想几乎原封不动地在重复远古的思维模式和行为方式。我们的大部分行为和思想都和古人无异。以断裂或革命切割的历史是最为重复的历史,它仿佛一道不透光的黑屏障,阻止我们看到真正的古代。

拉图尔:是的,这是读者难以容忍的!

塞尔:出于自恋,我们确实很难凑近直视人祭传统。

拉图尔:原因很简单:因为我们是现代人,这明确表明"挑战者"号和巴力神之间毫无关联,因为迦太基人属于宗教时代,而我们不再是,因为他们属于低效时代,而我们效率超群,等等。

塞尔:我一直在说这个观点。

拉图尔:是的,确实如此。但是我们正在讨论的这个问题相当难,所以读者并不信服您的观点。您说过十遍、一百遍,但大家还是不相信,因为革命让我们成为现代人,并让这些过去状态和今天不可同日而语。因此,我们认为自己绝对不同于迦太基人,除了都喜欢新鲜事这一点。我在这里不再重复时间的问题,这个我们已经谈过,我要向您提出的是另一个全新的问题。

塞尔:我明白,我用另一种方式来回答您。革命机制可能只是表面的。在革命背后,或者在断裂型历史的深处,是否流淌着——或渗透着——某些黏稠的流体呢?您还记得地球物理学里的大陆板块理论吗?地震是间歇性的,在类似加利福尼亚圣安德列斯断层这样的地质断层附近形成突然的断裂。但是在它的下方是极度缓慢而持续的一系列运动,它解释了地面出现突然断裂从而引发地震的原因。再往深处去,在缓慢、安静而无情的持续运动下面,是一颗火热的地核，它像拖动皮带一样牵动了整个运动。这些运动机制背后的太阳是什么？是我们冷却下来的古老而炙热的地球。地球就是这颗太阳。

同样，历史的断裂不也是被极度缓慢的深层运动推动着吗？它让我们和过去对话，但要深入无边深邃的地层。所以我们在表面看到不连续的断裂、地震——我的意思是历史的动荡或民众的暴动——短暂的暴力摧毁了城市，重塑了世间面貌，但在历史深处其实隐藏着持续而超级规则的运动，在完全不同的时间尺度上进行，几乎不可察觉。

请允许我说，比如宗教史就让我们看到了这一点，宗教史形成了最深、最底层、埋在最下面的板块，以至于不可见，当然它的变化速度最为缓慢；但我猜测，再往深处去，还有一个被包裹得严严实实的内炉，正盲目地推着我们运动。

为了科学的人类学

拉图尔：这些问题都很难理解。首先是因为我们上次仔细谈过的时间结构问题，其次还有对于现代的定义本身，它要求我们把巴力神归为社会现象研究，而把“挑战者”号当作科技之物……

塞尔：但它也是个社会之物。我们不是把它叫做“挑战者”吗？您可能知道，挑战（challenge）一词本身是英语对法语古词“calomnie”的音译①。

罗马人建造加尔桥②并不只是为了用水渠引水，更多的是为了向民众彰显国家的实力，因为罗马人痴迷于艺术品，也有可能是为了让军团有事可做，否则这些人闲下来就有可能惹是生非、危害治安。同样，您不觉得西方人进入太空除了认为这是一项有用的事业之外，至少也是为了炫耀实力。

拉图尔：是的，两者的区分不仅是现代科学的表征方式，也是现代社会的表征方式。有一些东西是属于人类集体和文化领域的，还有一些东西属于自然领域。因此，这也是我们对科学的批判根源，我们经常说：“科学扭曲自然，科学是冰冷的。”而您的悖论在于您批判强势的科学，但您的批判没有使用批判的武器，因为您不相信科学是冰冷的，在您看来它和巴力神一样滚烫。

塞尔：如果没有精神或火的炙热，您相信科学可以一边创造，一边前进吗？我们把手放到它的马达上试试看？那么我们应该感觉到它和地狱之火一样滚烫。

拉图尔：但您在这里做了双重操作，效果加倍地

① 拉丁语词“calumnia”意为“诽谤”，后在古法语中写为“calomnie”，进入英语中写为“challenge”，今意为“挑战”。

② 位于法国南部加尔省，是一座三层的石头拱形桥，是古罗马帝国时期修建的高空引水渡槽。

出人意料。自从科学诞生以来，三百年来我们一直听到指责科学的假哭声，说它扩张势力、冷酷无情、思维抽象。但您不认为这些是它的特点或缺点，您觉得它并无多少不同。您跳过了我们的革命和断裂型的认识论。

塞尔：是的，应该说我再往下挖，为了揭开(découvrir)——用该词的词源意义——最缓慢、最炙热的板块运动机制。

拉图尔：科学和文化一样处于同一地层，一样有趣，也一样危险，甚至具有完全相同的特点……

塞尔：一辆汽车在空间里行驶，这属于自然领域；车子可以满足车主人的虚荣心，这属于文化现象。放在一起看，这两辆车当然是同一物体。周末或度假的时候，它满足了我们不可名状的人祭欲望：我们趁某个庄严的节日，在具体日子里把“人祭”献给我们以为已经遗忘的神——机器或技术产品。这些“神”帮助我们加强对空间的掌控，调节人际关系或黏性心理。这样的“接合”想象可以帮助我们一下子深入可怕(formidable)的人类学底层。请把这个形容词理解成“恐惧”的古意①。我们不敢直视这个太阳。您看到了，怎样才能从科学(这里是热力学和材料阻力)无顿

① 形容词“formidable”在现在法语中通常指“了不起的”，但在古法语中意为“可怕的”。

挫地进入技术,然后从技术进入社会学,再进入宗教史,我刚才说了宗教史最接近滚烫的内核。

是的,科学是文化构成中的一部分。我的意思不仅仅是广义上的工具,比如“挑战者”号,既是一个世界之物(objet-monde)也是一个社会之物(objet-société)。每一项技术都在改变我们与物体之间的关系(如:火箭进入平流层),以及我们内部人与人之间的关系(如:发射火箭成为国家的宣传工具)。一些工具和理论侧重的是这一面,而其他的工具和理论则侧重另一面,但它们都能展现出两个面。

拉图尔:但要去思考这个“都能”是个困难事。至少存在两种科学批评。首先是认识论学者,他们批评科学说它不够合乎理性。他们认为科学一旦经由他们的手就会变得更加合乎理性,最终去除所有人类集体的痕迹。另一种对科学的批判是指责它理性而冰冷,但是您拒绝做出这种评价。

塞尔:纯粹理性的科学。

拉图尔:因此您在《雕像》一书中使用过的“科学人类学”这一说法非常重要。比如,在您的《罗马》和15条《几何起源》中蕴含了一种科学的人类学神话,科学被纯化和清洗,但您把它重新投入诞生它的、被人们以为一去不复返的过去。

塞尔:是的,例如卢克莱修就告诉我们“原子”和“空”这些词是如何介于物理学理性要求和他的宗教叙事之间的，就像依菲格涅亚的献祭[①]一样。这意味着两个词都要一分为二："原子"一词和"寺庙"成为同一词族；而"空"一词的拉丁语和希腊语词根的意思是"导泄"(catharsis)的行为(见《卢克莱修》第165页)。

拉图尔：但理解您的作品时遭遇的困难来自您并没有把科学投入社会学和人类集体中去考察。科学讲的是众多的物，所以您从另一边出发，谴责社会学、文学和政治学不关心事物，您称它们为"非世界的"(acosmiques)。

塞尔：人文科学或社会科学怎么能不谈论世界呢？人怎么能悬置在空无中呢？硬科学怎么能对人类视而不见？它们彼此缺乏对方，造成隔阂。我们最主要的两类知识怎么能是偏瘫的呢？

我认为哲学的重要职责之一便是教会它们用两条腿走路，使用两只手：您知道，在《第三个学习者》里我把不得不用右手的左利手称为"补足的身体"，我赞美混合和融合，这是"纯粹"哲学所讨厌的。难道同时使用大脑的左右两个半球不合理吗？

拉图尔：但您总是跟您的读者反着来，总是站在交锋的两个对立面上。当读者以为进入人类社会时，您又把他们带回事物；等他们进入科学时，您又把他们带回人类社会。他们从巴力神到"挑战

---

① 见卢克莱修《物性论》第一册。

者”号，然后又从“挑战者”号到巴力神！

塞尔：这是美妙的悖论，我非常享受。如果说用两条腿走路让所有其他人觉得很别扭，这不就证明了我们其实都是在单腿跳吗？

是的，我们生活在世界上；我们人类游走其间，试图理解它。在两者的接壤处栖居着哲学。承认这个地带的存在，认识它的未来是否宜居，这就要求我们思考法律和科学之间的关系问题，我们刚才谈论过这一点。否则法律和人文科学将脱离世界，成为“非世界的”，而没有法律的科学将变成“非人性的”。今天的我们正在这个十字路口生存和思考。

拉图尔：不，不完全如此。科学从某种意义上说已经不再只属于世界。相对其他知识，它引发更多的论战，更具有人类集体的属性，更喧嚣(noiseuses)。您在您“死神统治”一章①最早指出了这一点。无论是对人类集体还是对科学的定义都不是固定不动的靶子。它们两个都不是批评（也就是您的读者内心深处）所想象或期待的样子，因为这不再是传统意义上的批评。即便您有时候批判科学说它没有灵魂或说它丑陋等等的时候使用了某个更为传统的论点，即一种明显反现代，或甚至特别土气的论点，

① 《赫尔墨斯 III 翻译》第一章“背叛：死神统治”(La thanatocratie)一节的标题。

但这都不是最重要的，最重要的原因仅仅是您无法看到用以识别科学的绝对差异特征……

塞尔：这是科学的本质……谢谢“土气”这个词，如果可以，也可以说是“土里土气”。我更喜欢住在乡下，而不是城里。

此外，顺便说一下，我觉得生态主义一而再、再而三地显示出城市或中产阶级相对于田野树林的胜利，这种胜利是超越历史的。大都市的城市居民消灭了农村人，让空间荒芜，由此产生了成千上万的悲剧。

最后，我的《自然契约》公开地嘲讽了“耕田本体论”，我们知道这种思想很危险。我试图用整体的地球(Terre)这颗行星来取代祖辈靠战争流血捍卫并切割出的一亩三分地(terre)。我们需要付出新的代价去思考这个问题。这本书不是让我们驻足于一隅之地，它试图寻找从局部到整体的路径。我就在这本书中找到了这条路，并将一直走下去。

我们回来继续说说科学的本质……

拉图尔：以及科学何以骄傲的原因。您既不承认它们的骄傲，也不批判它们的危险。这正是您的读者觉得很复杂的地方。也正是因此，我想用“哥白尼式的革命”这一说法。在您看来，这种一去不返并造就了现代人的事情从来没有发生过。我想说在这个意义上您不是现代人。

勿再掀起“哥白尼式的革命”

塞尔:也许以您对“现代”一词的定义,我确实不是现代人。说到底,我是这个还是那个,用哪个表示所属性质的形容词来描述我都不重要。何况谁又能定义我呢?明确我是个什么样的人有什么意思呢?只有小孩子和青少年才会在最初的教育中疯狂地执着于定义自己是什么样的人,并期望在他人的目光里获得好评。成人专注于所做之事,而不在乎他们是谁。

好吧,就用您对“现代”一词赋予的意义,轮到我来提一个问题:如果那些自称现代人的人其实只是古人,极少有人是现代人,该怎么办?您所谓的现代性预设存在一场革命,它改变了事物的状态,缔造了一个新的时代,对不对?

然而这种想法或行为在我们的历史中反复出现,以至于我们会纳闷,西方思想是不是从产生之时就一直在反复地重启,就像条件反射一样。至少从最早的祖先被驱逐出伊甸园开始:他们就必须重新开始……随后摩西诞生……这种构建现代人的方式完全显示出我们的重复传统,我是说重复古代。《纯粹理性批判》的著名的前言标志了每一门科学都有一个原始时刻,一切由此开启,然后把一段长长的古代痕迹甩在身后。如果说成为现代人要求每个人重复这个行为，那么便没有什么比这更古老了。重复一个动作就成为现代人吗？这难道不就是保守、过时吗？

拉图尔：所以从这个新的定义说，您是现代人？尽管您不看报纸，您应该知道后现代主义。这原来是个报刊词，后来哲学家们把它当真了。这是个荒诞的论点，但仍然具有一定的文化视野，很时髦，你我都身处其中。后现代主义说我们不再是现代人，而是后现代人。当理性主义和失望情绪不断积累，就成了后现代主义，因此它是失望的理性主义。您呢，我更愿意说您从来不是现代人；但您又会对我说："我是唯一一个现代人"。

塞尔：也许吧……您又让我为难了，您又让我对一个我不清楚的讨论发表意见，我怎么可能不说些蠢话呢？人在工作的时候是不屑于站位的。我们要么站位某个理论，这要花费大量的时间，因为要熟知简直多到像天文数字的专业术语；我们要么工作，而这需要占据所有的时间，耗费全部的精力，甚至整个人生。因此，自我定位很难。

拉图尔：但我得完成我的工作，我得坚持！如果我的理解没错的话，您是现代人，因为您是唯一一个不去重复彻底割裂行为的人，您不会把过去从身后彻底断开，是吗？

塞尔：我从来没有声称要做某项闻所未闻、见所未见的全新工作。所谓前所未有都是广告套话。一个人的成果是否有创新，只有在他之后的第四代、第五代人才能做出可信的判断。比如，我们才刚刚开始认识到萨特的作品既不新颖，也不像他声称的那样"介入"他的时代。我的意思是他的时代里有原子弹、新兴科学、抗生素、避孕药，物的科技和人口同时间内几乎是垂直式地急速增长。

在一个既定领域内，没有什么比带来创新更有意思了。在我看来，"寻找"是唯一智慧的行为。是知识分子在寻找吗？不。是发现者（trouveur）、游吟诗人（troubadour）[①]吗？是的。要质疑一个被普遍接受的观点比人们想象的要难，因为看起来最现代的观点，即那些在各个群体中迅速传播并进入媒体和对话的观点通常都是约定俗成的观点。一个观点要传播开来，它必须"光滑"。为了获得一个光滑的表面方便在人群中通行，它需要经过多年的打磨。这就是为什么能流通起来的观点通常都是古老得惊人。创新的探索者总是形单影只。

拉图尔：我觉得我们又走入一条歧途了。因为我眼中的"现代"不意味着新、现代主义者或现代化

---

① 法国中世纪北部奥伊语地区的游吟诗人称为"trouvère"，形似当代法语的发现者（trouveur）一词，而南方奥克语地区的游吟诗人称为"troubadour"。南北两地游吟诗人的名称都来自拉丁语 tropare，有"创造""发明"之意，即"创作一首新的曲调"。

的改革者。我是用它哲学上的意义。变成现代，意味着要做出一场双重的哥白尼式革命，一要把过去和现在分开，二要把被认知的世界和认知的精神绝对区分。认知的精神即康德在他的前言中给出的意义。用人类学的方式说，就是把人类集体和世界截然区分，即把巴力神和“挑战者”号区分。想要做出新的事物……

塞尔:这就是现代吗?

拉图尔:这是我为了整理阅读您作品时遇到的一系列问题而找到的方法。成为现代人，就是把人类群体和物之间做出绝对区分，这种区分让我们彻底远离神话，远离过去，远离其他的文化，把人类自己搁置在一边。比如希腊人，还有迦太基人，他们沉没在人类集体中，无法区分表象和世界之间的差异，而我们这些现代人，我们知道。

塞尔:不过说到底,我们也并不比他们知道得更多,做得更好。我们只是区分了研究人文科学的一类人和介入世界的一类人。

拉图尔:是的，确实如此。在我看来，您所做的科学人类学就解决了这个问题。您认为，成为现代人意味着不再重复康德的纯化工作，所以这意味着永远不可能成为我提出的定义上的现代人，在我们身后从来没有哥白尼式的革命把过去彻底取消，把我们人类与世界彻底分离。您所做的正是中间道路。

塞尔:是的。

拉图尔:您开拓的研究、您冒了极大风险做的工作都是这一立场的结果。所以，您不是反现代(anti-moderne)的老古董——这不是最主要的观点——您显然也不是后现代的。如果现代意味着把自然与文化、过去与现在彻底分离，那么您不是现代人，您是……我尝试说您是无现代(a-moderne)，或者说非现代(non moderne)，意思是您发现如果我们审视过去，去除其中的哥白尼式的革命以及政治革命，去除了康德、马克思和巴什拉等人，我们从来就没有现代过。您的读者在读您的书时也看到了这一点。不存在认识论上的断裂。

塞尔:对。

远离检举揭发

拉图尔:现在我们找到了您的读者遇到的所有困难的根本原因了。您的读者都是在“怀疑大师”的时代中成长起来的。之前您说过，您因为责任和道德的原因不喜欢怀疑哲学或基础主义哲学。

塞尔:我确实说过。我再补充一条原因——法律。为什么哲学在每一次它提出的诉讼中都以检察官或是检举人的身份自居？为什么？它有什么权力？

哲学采取警察的方式，把自己塑造成杜宾侦探，像检察机关一样用批判来勒令，这让我害怕。

拉图尔：而他们也因为道德原因不喜欢您，或者更确切地说是忽视您。他们认为哲学工作，我的意思是学术研究以及哲学政治学，它们的目的都是检举、揭发。如果您收走怀疑的武器，批判的武器，那么学术工作就没有什么发挥的余地了，无法检举、揭发，甚至无法解释。因此在这一点上您显得很天真。您的工作不是批评，不是揭露，不是解释。您经常利用明释(explication)和暗指(implication)之间的对立关系。而一般哲学家的正常工作是什么呢？他设立基础、评判、检举、揭发，提出一系列批评方案指导行动。而您从未实践过这些批评方案。所以构成现代性的东西或从政治学的角度定义知识分子任务的东西正是……

塞尔：控诉、揭露、建基础、阐明……但"挑战者"号的分析确实让研究风景黯淡了。

拉图尔：是的，因为"挑战者"号变得和巴力神一样黯淡了。

塞尔：是的，《罗马》和《雕像》这两本书常常赞美罗马人或埃及人的一种行为，他们把东西埋在土里，封装起来，隐藏起来，放到阴暗处保存。这和喜欢把东西置于光下[1]的希腊人不同。相对于明释，这两本书更赞美暗指，赞美面包师折叠面团的行为。这是两种截然不同的认识方式，而我们总是实践和欣赏希腊式的。我们的文化有两个源头，希腊的和罗马的。它们彼此互补，而非只有其一，不见其二，可是我们总喜欢推崇其中前一种。然而把物品从黑暗中取出往往最后会摧毁它，置于阴暗处反倒是一种保护。我们从来不计方法的代价，我们以为方法总是免费的，但万事都有代价，光明也有。有时，要么黑暗，要么毁灭。

必须创新出一种关于阴暗、模糊、黑色和不明显的知识理论，一种“阿黛尔”(adèle)的知识理论——这是个美丽的形容词，听上去像姑娘的名字，它的意思是“暗藏的”“不显露的”。在提洛岛[2]这座太阳神阿波罗圣岛尚未得名前，它的名字叫阿黛洛斯(Adélos)，意为“蒙面女子”。要是您想去那儿，您得知道这座岛常常隐藏在暴风雨和水雾后面。所以，阴暗常伴随光明，正如反物质与物质相邻。

拉图尔：哲学自以为已经彻底摆脱了它的过去，可您又再次把它浸入过去，这让它更加晦涩难解。此外，您把事物的一极和人类的一极混在一起，这

---

① “置于光下”的表述有“阐明”“解释”之意。

② 提洛岛(Delos)是爱琴海上的一个岛屿，位于基克拉泽斯群岛的中部，曾一度是爱琴海古代历史的宗教、政治和商业中心。据古希腊传说，提洛岛是阿波罗出生的地方。

是批评中最难以宽恕的罪过。纯化工作定义了批评，定义了自康德以来两百年间的哲学，但您却对此丝毫不感兴趣。您从来不相信现代世界，不相信现代哲学的使命，不相信检举和揭发，哪怕这意味着您是真正的现代人。在这里，现代的意义即当代的、当下的。

塞尔：因为纯化工作确实阻止了理解。我觉得，我分析"挑战者"号的方式更能帮助人们理解。这样的方式给予了理解以血肉之躯。我们以为事物只是建立了我们和星辰之间的关系，但它也构建了我们人类内部之间的关系。它构成一种完整的现实。当我们把社会的一方和科学的一方分立两侧就什么也看不到了。

一束聚拢的强光射来会亮得让人睁不开眼睛，只有明暗交错才能让我们看清一切。事实上，我们历来就是在真实环境下借助光影看到事物的。纯粹的阳光会灼伤眼睛，而全然的黑暗也会冻死人。

拉图尔：是的，现代性的实践在本质上是通过揭露制造光明。后现代主义者不断细数现代性的这种弊病，所以他们既是理性主义者，也是满心失望的人。而您，您一直看到的是现代性的益处，您既非理性主义者，也不是失望的人。但是要看到这些益处，必须宽恕您一项不可饶恕的罪过：您把"挑战者"号和巴力神相提并论，而所有的批评工作都旨在把巴力神里的人类集体和“挑战者”号里的科技完全分开，以示区别。在我看来，这也是您的科学人类学晦涩难懂的原因，尽管我们到目前为止一直在解决阅读您作品时的种种困难。您需要解释的正是这个通道，这段滑行，或者说不同于批判的另一项哲学任务。

朱-庇特(Ju-piter)[①]：双重揭示后，重新开始

塞尔：我们做区分的东西其实在现实中并不是彼此分离的。说到这儿，我提一下我在《罗马》一书中分析的朱庇特(Jupiter)的名字(第212—215页)。这是由两个单词组成的复合词。第一个词意味着“白天”，而第二词意思是“父亲”。“Ju”确实来自印欧语的词根，意指太阳的光芒，产生了我们的“白天”一词。“Piter”是“pater”一词的轻微变形，意思是“父亲”。所以朱庇特(Jupiter)的意思等同于“白日之父”或“我们于天上的父”，既有天界的光明，也有父亲的亲缘关系。

要研究天空之光，我们得先学学物理。作为硬科学的物理和静电学规律，它告诉我们，比如光并不是

① 朱庇特是罗马神话里统领神域和凡间的众神之王，对应希腊神话中的宙斯。

朱庇特产生的,而是被释放的电荷:于是自然规律取代了宗教。物理帮助我们走出宗教思维。我们可以把这称为人类神话的物理主义批判,自启蒙时代以来便一直盛行。在这里,我们说的就是这种情况。

虽说如此,但从内心奔涌而出的情感让浪漫主义随即诞生。它也是一种宗教。拉马丁[①]恳求说:"啊!我父,尊崇的父啊!人们只能屈膝唤您的名字!您的名字威严而温柔,让我的母亲俯首。人说这灿烂的太阳,也不过您神力之下的玩具……"(七星文库《拉马丁作品全集》第314—315页)[②]。一旦朱庇特的第一个单词"Ju"被清除、被解释、被阐明、被批评,因此被驱逐后,就只剩下"父"。换言之,自启蒙时代之后,自理性主义或物理主义的明释之后,宗教就只剩下情感的一部分,即只属于人的、而非物理的一部分。白日出走(exit),唯有父留存。

再让我们来学学人文科学,它探索的是父子关系、家庭结构和与亲属关系相关的感情。一旦宗教里"父"——Piter或pater——的一部分在社会科学的怀疑时代里被清除、被解释、被阐明、被批评,因此被

① 阿尔封斯·德·拉马丁(Alphonse de Lamartine,1790—1869),法国19世纪浪漫派抒情诗人、作家、政治家,被认为是浪漫主义文学的前驱。

② 选自拉马丁诗集《诗与宗教的和谐集》,该诗题为"醒来时孩子的赞美诗"。

驱逐的时候，这次出走的是父。

物理学澄清了“Ju”，人文科学阐明了“Piter”。我们从此认识了“我们的父”，更了解了“于天上”之意。弗洛伊德、尼采等人类学家、精神分析学家，以及语言学家为我们解释清楚了前者；而读过麦克斯韦、庞加莱或爱因斯坦的书，我们又了解了后者，于是再无宗教。

这标志了上帝之死。人文科学不再一统天下，今天宗教的处境不如18世纪末，即物理主义的理性大获全胜之后而法国大革命风雨欲来之前。

拉图尔：这是解释“挑战者”号和巴力神对立关系的另一种方式。一方是理性主义者的批判，否定人类集体对科学理性的影响；另一方是人文科学的批判，认为科学在人类集体中水土不服。

塞尔：我们需要弄明白的是为什么“白天”(Ju)和“父”(Piter)彼此相连，曾经总是被放到一起言说；为什么两者之间存在这一条或缺席或划出的小小连字符“-”把它们紧密连接；为什么它们联系紧密到了浑然一体的地步；为什么没有人想过要在“我们的父”和“于天上”之间画个逗号呢。

无论物理学对“白天”和“世界”这一部分做了怎样的批评，无论人文科学对“父”、社会权威和内心情感这一部分做了怎样的批评，我们要做的是理解为什么我们与我们的父同处一片白日之下。我的父亲曾经牵着我的手,与我行走在阳光之下,而如今我和我的儿孙也走在同一个太阳之下。无论是人文科学还是物理学都无法说明人类与世界如何共存。

一个晦暗的明证:人类群体在阳光之下生生不息,即我们在世界中;一个冰冷却又炙热、既属于物理又有血有肉的现实:我们居于社会之中,也在日光之下。

没有一个知识揭示过这个明证或这个谜。没有“白天”(Ju)和“父”(Piter)之间的连字符,我就看不到科学。宗教从这个连字符的缺席处回归。这也是为什么哲学依然任重道远。

拉图尔:也是哲学需从头开始的原因。这就是为什么您不是后现代主义者,不是失望的理性主义者。

塞尔:这里提出了三个问题。首先要把“于天上的”物理学“Ju”和“父”的人文科学“Piter”区分,然后对它们分别解释。一旦解决了这两步,找出了如何把它们一一解决的道路,并跟踪出整个百科知识的网络,剩下的就是完整的朱庇特(Jupiter),尚待我们完整理解的朱庇特。

我们尚未理解巴力神雕像和“挑战者”号之间的神奇关联,为什么一个经由我们的双手制造的、脱胎于人类关系和思想的物体会与世界相关;为什么我们会在白日冷漠的光明下,纷争不断、战乱不息;为什么我们会在物理法则之下相爱。这一关系的缺失正是哲学研究的课题。

拉图尔：您从未停止过追问这个问题？

塞尔：是的，比如社会学是如何蕴藏于天文学中的？自实证主义分类开始，这本是两个毫不相关的科学。（《几何起源》的整本书里都在探讨这个问题。）政治学是如何蕴含在物理学里的？（这是《自然契约》提出的重大问题。）技术和物理又是怎样蕴含在与死亡相关的人类学里的？（这是《雕像》提出的问题。）如何把寄生虫学、信息论以及餐桌文化或文学有机整合？（这是《寄生者》提出的问题。）热力学和基因学，以及这两者与宗教史有何关联？（这是《左拉》一书提出的问题。）左和右之间，以及物理学上的方向（sens）和人文意义上、不局限在性爱范畴内的广义感官（sens）之间的对称－非对称性关系。（这是《雌雄同体》提出的问题。）总之，这几个都是我在《南北通道》中探索的问题，以及在《第三个学习者》中建议要教授的问题。

我简单再说一遍：我们在同一片光下，这片光温暖我们的躯体，塑造我们的思想，但却对我们的生存无动于衷，那么我们是如何在这光下共同生活和思考的呢？我们其他的当代哲学家如果无视科学便无法提出这个问题，而与此同时科学的各个分支已经迫切地提出了这个问题，甚至激烈讨论。

当世界仅仅意味着地球的时候，我们又回到了

《自然契约》提出的问题：人类守望相助，形成整体，以政治的方式生存，实践着他们的科学，人类发现他们生活在一个整体的世界里，有整体的科学、整体的技术以及人类在地或整体的行为。这就是我之前说的必要的综合。

您会批评我进行混合吗？如果只有科学需要分别解决的两大问题，我会停留在分析传统里，但是还有第三个问题。正是这第三个问题迫使我们进行哲学思考。这是一个错综复杂的透明的结，它把朱庇特连成一体，将“白天”和“父”悄然连接。我最近写的作品或叙事都是关于这种总体关系，可您相当不喜欢它们。

所以不要跟着小报呼吁什么重振宗教情感，您可以在“朱庇特”这个词上读出它古代的意味，也可以在它的构成中看到当下。不要再说哲学因为某些可想见的原因已经终结。它才刚刚开始，而我们何其有幸。

拉图尔：*所以我在分析您的立场后认为它是非现代的，这里的“现代”的定义是把“白天”和“父”分离，正如康德在他的前言中所指出的，这是把形而上学置于科学道路上，而把上帝排除在外的唯一稳妥方法……*

塞尔：正是因此，我举了一个神或上帝的例子，换言之我举了最难或最微妙的例子。

拉图尔：所以，在现代性的思想格局中，在由康德开启而现在又由您关闭的批判悬置[①]中，属于世界的一极总体上已经交给了精密科学，而属于人类集体的一极则交给了人文科学……上帝已经出局了，被划掉了。因此，得益于这种现代性格局，我们进行了两次揭示：通过科学发现，我们抨击了蒙昧主义的虚假权力；通过人文科学的发现，我们抨击了科学的虚假权力……

塞尔：因为这两次揭示，我们以为已经大功告成：我们在物理法则的一侧进入了最亮的光明中，又在怀疑的一侧进入了极度明晰。然而并肩而立的两大光明却造就了黑暗的效果。

拉图尔：我们只有在批判宗教时才意见一致，共有两次，第一次揭示是在科学一侧的18世纪的启蒙时代，第二次揭示是人文科学领域中19世纪的异化理论。

塞尔：正是，人们对自己的聪明才智志得意满，没有看到当连字符缺失时，宗教仍然完好无损。宗教由此喷涌而出，迅速淹没了其他。今天它的水位已经高到让我们再也观察不到它的源头。

拉图尔：当我们自以为聪明且相当现代的时候，

---

① “悬置”一词在法语中为“括号”之意，用“开启括号”表示书写前半个括号圆弧，用“关闭括号”表示书写后半个括号圆弧。

我们就变成了后现代人了，因为后现代人突然感觉无事可做了……可他们尚未开始！他们很难过。

塞尔：最后三分之一的工作在我看来最为重要。所以"科学人类学"的说法还算恰当，因为它横跨了朱庇特之名所连接的两个领域：负责"父"之事务的人类学以及负责"白日"法则的物理学。

拉图尔：我们之前说要"阐明"，现在出现了双重光明：现在我们要让关系的明晰性变得明晰。但正是因此，人们觉得您的思想很晦涩，因为这个关系被双重的解蔽所掩盖，而双重解蔽两百年来定义了明晰、澄清、阐明和启蒙。

塞尔：除非我们要强调，阐明在这里揭示的是一种光影的明暗。黑暗不完全是诅咒。不，我们要的不是柏拉图隐喻中过于炫目的太阳光；也不是启蒙之光，纯粹的物理之光让我们看不到人文科学；更不是两者的截然对立，因为我们要理解的正是其中的关联。我们要的是一种柔和的微光，光与影交融、混合、渐变，产生出明暗对比的效果，让人更清楚地看见起伏不平。

我们普通人平时的每一天正是这样用肉眼看具体世界的。在月球和没有大气的星球上缺少或平静或湍流的大气，于是光线无法消散、融合，无法产生真正的视觉和温柔的生命。在这些星球上，阳光和黑暗呈几何形的截然切分：一边是过于灼热的光，炫目耀眼，让人失明，使生命消亡；另一边是寒冷和黑暗，寸草不生，漆黑一片。所以，用分析而得到的清晰和分明的知识……只能诞生在月球上，因为在这里理性和非理性泾渭分明：一边是低于零下 200 度，另一边是高于零上 100 度。我们很早就明白为什么哲学家难以在月球上生存：因为那儿太危险了。

空气流动保证了混合，并把这些关系运往各处。在哲学语言中，这些吹起的风，它的名字曾经叫“精神”。

关上悬置批判的括号

拉图尔：现在可以正面评价一下我们在一开始负面定义的东西。您对我们刚才回顾的这些哲学都不感兴趣，因为它们无法解释清楚“关系”。因此我又回来说说批判，您对 18 世纪、17 世纪、希腊人和罗马人感兴趣，确切地说，您感兴趣的是在哲学将科学和人文科学之间的分野视为己任之前的所有时代和所有哲学家。

塞尔：卢克莱修把原子物理“浸入”整个文化来阐释，由依菲格涅亚的献祭开始，再以雅典瘟疫结束。而总体说来，我的书是把技术“浸入”人类学、把地球物理学或者气象学“浸入”政治学和法学中理解，并且不忘反向操作。更宽泛地说，“浸入”行为就激动人心，因为它在流体中进行。

拉图尔：您对康德主义不感兴趣，是因为您所说的“基础”问题，同时还有一个根本的原因是他纯化了两极：被认知的客体和认知的主体。那么，辩证法呢？辩证法也试图对客体和主体进行综合，他们声称已经找到融合和共同生产的方法，不是吗？他们还声称已经摆脱了二元论，把人类集体和自然浸入同一历史中——救恩史①，不是吗？

塞尔：辩证法陈述的逻辑经不起推敲，好像可以从中推导出一切。只要找出一个矛盾就可以四海通行。“Ex falso sequitur quodlibet”，谬误引出任意结论。矛盾意味着从任意前提可以推导出一切。自从古代形式逻辑产生之后，我们知道从矛盾开始，从对错开始，从错误本身开始，就可能推导出任意结论，结论或真或假，但这个推理过程是有效的。由此产生了构造和推导的辩证法组装，它们一个比一个有效，但没有任何意义。甚至在它们的逻辑构架中，战争和论战都毫无产出可言。

拉图尔：但我们以柏格森为例。我现在以不受同行喜爱的哲学家为例，看看我们之前的讨论是否可以测试哲学史，并解决阅读您作品中的几大难点。

---

① 救恩史旨在理解上帝在人类历史中的个人救赎活动，以及其实现永恒的救赎意图。法语为“histoire du salut”，对应德语的“Heilsgeschichte”。

塞尔：谢谢提到这一点。柏格森在合适的时候提出了合适的问题，并常常大大领先于他那个时代。

拉图尔：但在柏格森那里有一个“物化”(réification)和“几何化”(géométrisation)的概念，这和您的科学人类学完全相反。

塞尔：我们要区别两件事情，一是他说了什么，二是他如何做的。他对固体隐喻的批判性分析毫不夸张地说是卓越的。

拉图尔：您感兴趣的更多的是他的哲学风格，而非他的研究结果。

塞尔：是的。

拉图尔：就我对“现代”一词的定义出发，是否存在像您一样的其他非现代的哲学家呢？

塞尔：这个问题又让我犯难了，因为又问到了我很陌生的当代事物。

拉图尔：成为非现代人的方法少之又少，确实挺让人惊讶的。因为我们必须从上方跳出去，至少回到18世纪前，接受形而上学，重新找到本体论，做别人曾经告诉我们……

塞尔：……不该做的事。

拉图尔：做别人告诉我们不该做的事吗？

塞尔：对被分析的问题进行混合。

拉图尔：但这样您就拿走了在我们看来最重要的批判武器，即检举、揭露。这是核心问题所在。您没有给出揭示另一边的方法……

塞尔:对您分析的领域进行混合:这不就是一个好方法吗?朱庇特的例子很好地说明了这一点。我不拒绝对两极分别进行阐释的努力。但一旦我们完成这些工作,我们就没有再往前走,因为我们没有理解两者之间的关系。

拉图尔:如果把两者构成一组矛盾,我们也没有办法理解这种关联。

塞尔:更难。怎么可能理解呢?宗教还要一段漫长的行程,因为它依然背负着我们之前说的那个古老的问题,它依然把它扛在肩上。而我们这些哲学家,我们应该去研究这个问题,努力解释它。

拉图尔:宗教曾经背负着它。

塞尔:曾经背负,今天依然背负着。

拉图尔:今天的宗教还背负着它,但是已经不自知,因为宗教自身已经被理性化至骨髓。

塞尔:不如说是被非理性化。从 18 世纪末 19 世纪初,在卢梭时代和浪漫主义时代交替之际,宗教已经开始不再以理性示人。

拉图尔:在这两种情况下,宗教都被科学收购了。神学无法直接伸出援手,它自身已经过度唯科学主义了。

塞尔:您记得 19 世纪时人们对宗教起源的解释吗?人们都认为古时候的人总是倾向于神化自然力

量:风、雨或火山。我们想象中的祖先总是对暴风雨和洪灾惶惶不可终日。宗教诞生时就是物理主义,肩负着讲述物理起源的使命。

今天的我们更喜欢世界-人类双重结构的另一边,即用人类学的起源来解释宗教:暴力、谋杀和王族祭祀。前一种物理学的宗教起源解释中缺失了“父”,而后一种解释则看不到“白日”。

人类要么就是独自面对自然,形单影只,没有集体,没有社会;要么就是投身于政治,于是再无世界。这一场自然状态和社会状态之间的重大断裂只是在时间(想象和理论的时间或历史)中投射出同样的裂痕,影响到认识理论、历史理论、宗教史和哲学,以及我们具体的教育实践和对世界的污染。

拉图尔:但到了现在,这两种解释并不完全是原来的样子了。

塞尔:确实不完全。

拉图尔:因为科学的解释计划失去了它现实主义,或至少外化的一部分,这是康德和其他哲学家的研究目的。我的意思是,“挑战者”号不再停留在人类集体外部。而另一方面,人文科学也在失去它的社会性。一个用重力、黑洞和“挑战者”号构建起来的社会性不再是原来的社会性,总之不再是社会学意义里的社会性。所以这里有两次失去,物自体（choses-en-soi）和人间人（humains-entre-eux）[①]。“神话”一词已经彻底改变了意义。“我们保留了两极，进行了两次去蔽，现在让我们来研究一下它们之间的连字符”，这话就有点过于笼统。

塞尔：您说得对，这里确实发生了彻底变化，像化学反应一样。蓝色变成紫色，但还是留着一点蓝，一边渐变成红，另一边渐变为绿。

顺便问一下，为什么大家要说“伟大的人类故事已经终结”或“我们生活的时代再无宏大叙事”，请告诉我？

拉图尔：唷！您还是看报纸的，不是吗？

塞尔：有时候在牙医那儿候诊的时候还是……可是我们正在书写新的故事，同样轰轰烈烈，而且一些其他的故事不还在流传着吗？

拉图尔：这是典型的后现代思想，和您解释的双重去蔽具有完全相同的结构。

塞尔：是三重！

拉图尔：噢，不，等等，后现代主义只有双重，否则就不是后现代了。后现代里有科学的去蔽和怀疑的去蔽。但您像一个天真汉一样，和怀疑保持距离。

---

① 塞尔借助康德的物自体（choses-en-soi，德语 Ding an Sich）的组词方式，为表达集体、社会中的人而构建了“人群之中的人”（humains-entre-eux）这一表达方式，在此译为“人间人”以对应“物自体”。

塞尔:您说得太对了:我对这种天真一点也不反感。从我开始学习的那一天,我就觉得自己相对于同时代人一直保留了一份天真。同时,我天真地想:不天真的人(我的意思是感觉麻木的人),如果不近距离观察,怎么能意识到这些科学问题呢?

拉图尔:是的,但两百年以来,哲学家已经发展出众多批判方法,这让读者阅读您的作品时障碍重重。

塞尔:当我们真正先对一方、再对另一方做出全面研究时,我们很快就会明白,我们不可能只考察其一,而不在某一个时间点牵扯到另一方。科学中有神话,神话中也有科学。我们要做的就是讲述这段宏大的历史或传说,而非缺失一端的断章残篇。

拉图尔:很可惜,这个论点行不通,因为人们看到的是深不可测的二元论,而您在那儿看到的却是处于根本地位的连字符,这是您所有阐释的源泉。

塞尔:是的,二元论在脑子里根深蒂固,存在于科研体制里、报纸上、通常的交流中以及人们所谓的主流思想中。到处都是二元论。除了积极创新的科学以及奶奶的故事,除了快速的顶部薄层和最缓慢的底层,除了人们经过终身训练、最终历经磨难踏上的顶峰,或是在山谷茅屋中与老人相伴的生活,除了在顶端和在底部。而在中间,日常的交流总是被云团、雾气和水蒸气笼罩着。

拉图尔：二元论在脑子里，在现代性的定义里，在批判的定义里，甚至在职业道德中。对一个知识分子而言，这甚至是他的尊严和自尊心的来源。当您向他们陈述您的论点时就等于剥夺了他们的尊严。

塞尔：但我没有剥夺他们的工作。

拉图尔：如果以批判的定义看他的工作，那最终还是被您剥夺了。"如果我们不再借用硬科学或人文科学来揭露错误的表象，我们还能做什么？"后现代主义是记者们的发明，我们不应该谈及，但这体现了阅读您作品时最大的困难。按您对现代性的定义，不做现代人，这导致了所有对您的误读。他们都会反驳您说："只是'挑战者'号而已，不是巴力神。"

塞尔：它是，它又不是，或者还可以是第三类情况，我们要把这两种看法放一起看。

开普勒椭圆和它的双焦点

拉图尔：如果说您解决了现代主义的问题，那现在还有一个"差异"的问题。如今任何一个差异都无法回到在康德意义上的两极之间的原有位置。但无论如何，差异存在着。所谓差异，就是您在《雕像》一书中称之为"替代"的东西，此前您还把它称为“翻译”。所以在我看来有两个考验：首先是您把巴力神和“挑战者号”做了接合，然后它们应该彼此对称地交换一些属性。我们应该通过沉浸在“挑战者”号事件中来理解迦太基人的人祭，相反地我们也应该通过迦太基人的宗教来理解的技术是什么。

塞尔：是的，这是个几乎对称的推理过程。

拉图尔：考验的第一部分是接合，然后是双重阐明，但接下来是差异。迦太基人高喊：“烧的是牛，不是孩子”，我们高喊“征服宇宙空间需要牺牲，这不是人类的摩洛[1]”。

塞尔：不仅如此。我们可以编出一部字典，可以让字与字、行为与行为、事件与事件之间形成一一对应关系：卡纳维尔角的一幕[2]对应于迦太基仪式，反向同样可对应。这一长串对应单可以在《雕像》一书中找到，从第15页开始：两个行为各自的成本相对于各自所在群体的比重、围观的人群、准备行动并独立于群众的专家们、点火仪式、两个行为中基于各自时代技术而优化的设备、事件的反复组织、群众的热情、

---

① 摩洛（Moloch）是古迦南人拜祭的神明。古代迦南人膜拜摩洛的方式是由父母把自己的子女作为祭品献上，放到火里焚烧，以祈祷摩洛神保佑。

② 位于美国佛罗里达州布洛瓦德郡大西洋沿岸，曾经名为“肯尼迪角”，是“挑战者”号的发射地。

禁闭在两个“雕像”里的死者以及两个“雕像”相对于周边环境的庞大体积……您刚才说到否认：在迦太基，被炙烤的孩子们的父亲都在喊：“不，不，这不是人，是牛肉”；而我们呢，我们在喊：不，不，我们不是故意的，这不是活人祭祀，只是事故，不可避免，甚至可以通过概率来计算发生几率。

这两列对比元素于是形成了一系列的“替代”，我们能够从现代穿越到古代，也可以从物理或技术轻而易举地穿越到宗教，即从“白日”(Ju)到“父”(piter)。“替换”操作就像裁衣时针脚细密的缝合和修补（数学上叫“满射”[①]）。这里，每一个词在翻译时都沿着一根线，或者说我们沿着缺席的连字符行走在两个世界之间。巴力神在“挑战者”号里，“挑战者”号也在巴力神里；宗教在技术里，神祇在火箭里，火箭在雕像里，而随时待命出发的火箭又在古老的偶像崇拜里，我们精致的知识在古老的狂热里。总之，社会建构的成功与否，就在于奔向星辰的计划成功与否。

所以，物体变成了我在《寄生者》里命名的“拟客体”，它能够勾勒出或显现出构成它所经过的人类群体的各种关系，这就像孩子们的传环游戏[②]。“拟客

① 缝合(surjet)和数学的满射(surjection)具有词源关系。象集中每个元素都有原象的映射称为满射。

② 一种儿童游戏，参加者围坐一圈，传递一个玩具环，由站在圈内的一个人猜环在哪个人手中，类似击鼓传花。

体”依然是有用的技术物，甚至是高科技产物，面向物理世界。但往往最精致的工具同时具备社会功能，又不失它们作为物的目的性。

拉图尔：所以我们从来不只有一极，或物的一极，或主体一极，而是至少有两极，是吗？

塞尔：正是，在我看来，这应该是有两个开端的宏大叙事和史诗。也许只是现在的我们再也不知道如何“讲述”了，无法有力地把在库鲁①和卢尔德②发生的事缝合在一起。柏拉图巧妙地把牧羊人裘格斯潜行③的故事和他那个时代的航行和几何缝合起来。今天哪个哲学家敢像《理想国》描写地缝里的马雕像一样讲述山洞里的圣贝尔纳黛特的故事呢？我一心做着缝合的工作，既不脱离理性，又梦想着把意义丰富的现象学用一个表述来翻译：“幻象在言说”。这样我们就既在哲学中，又在神迹的山洞里。

但当我把冠以哥白尼或伽利略之名的认识哲学

---

① 即库鲁航天发射中心。

② 位于法国西南部澳克西坦尼大区上比利牛斯山省的一个小城。1858 年一位名叫贝尔纳黛特的姑娘声称她在此地波河岸边的岩洞附近捡拾柴薪时，数次看到圣母玛利亚现身，因此又称“卢尔德神迹”。

③ 柏拉图在《理想国》中讲述了裘格斯的神话。裘格斯原为吕底亚国一位贫穷而诚实的牧羊人。一次地震之后，裘格斯在他的田里发现一条大裂缝，裂缝里有一座黄铜制造的马的雕像，雕像内部有一具人的尸体。裘格斯在尸体的手指上发现了一枚黄金戒指。这枚戒指有让人隐身的魔力。裘格斯利用戒指的魔力偷偷潜入国王宫殿，诱惑了王后，杀死了国王，成为吕底亚的下一任国王。

往开普勒处位移的时候，我无需再梦想。因为后者把我们的星系描绘成一个有着两个焦点的椭圆轨道面：一个是明亮而炙热的太阳，而另一个是黑暗的，无人问津。是的，知识有两个中心：世界以宏大的运动给我们展示了两个极点。我还要再解释和讲述吗？

我很喜欢说说缝合和传环的游戏，因为我最新出版的故事——是的，是个故事——主题就是对关联，确切地说是对这一“契约”关系的思考。

拉图尔：这是用建构性的方法阅读您的作品，但我们必须接受这个观点：没有现代世界，从来没有过……

塞尔：我们的先辈虽然会识别出朱－庇特（Jupiter）的两个元素，这一点可能比我们强，但他们不知道来龙去脉。今天的我们就了解得更清楚。现代的分析工作很有用，无可比拟。

拉图尔：是的，但是等一下。这个现代世界本身不具备这些元素。当我说我们从未现代的时候，我的意思是得益于您的研究，当我们回头审视的时候，我们发现人类社会并不是因为人文科学中的人类集体而存续下来，也不是因为硬科学中的物体而存续下来。这就是我之前说“悬置”的原因。我们的存续以及西方的发展并不是因为哥白尼式的革命。物总是居间，根本无法一分为二，从来也没有过。这是一场反哥白尼式的革命。

塞尔：我认为开普勒的模型比哥白尼的好。

拉图尔：物体绕着两个焦点的大规模运转才构成了人类集体。现代的、哥白尼式的构建从未存在过。

塞尔：哥白尼式的构建形成一种无文化状态。既无科学，也无人文科学，只有信息。人们不知道热力学、材料力学、计算机为何物，也不知道巴力神。我们只能从通常网络中所宣布的信息了解火箭。也许我们可以利用它相对于科学以及传统的差异来定义一般意义上的信息。

这种信息从此就成了哲学理论的基础，不是吗？这正是我们这个时代不久前驱逐人文科学付出的代价：知识被替换为信息。

拉图尔：这是神话。用您经常说的一句很美的话来概括："纯粹的神话，就是从科学里剥除一切神话这种观点。"

塞尔：这句话出现在我年轻的时候，还在巴黎高师那会儿，我们经常听人说真正的哲学工作在于把科学从一切神话中解脱出来。我觉得这非常合适用来定义某种宗教：洗净双手，进入圣地，这些地方本身就是纯洁的，或被净水净化过。世俗之人与宗教人士截然分离。

我们越想驱逐神话，神话就越有力地回归，因为它本身就是建立在排异的行为之上。此外，要思考或实践任何一种科学，怎么可能不使用被驱逐的第三者呢？

哲学盲点处，一切重始

拉图尔：在结束我们这次访谈之前，我想再进一步说明一些事情，虽然有可能把您的思想简单化。如果我说错了，请指正。有自然的一极，如您所说是"白日"的一极，或"挑战者"号的一极，即科学和技术；还有"父"的一极，或巴力神的一极、人类集体的一极。这是第一个问题。这两个极点在康德那里一分为二，因为中间有现象。而康德在其中的一极放置的是主体，只是我们这些现代人把主体替换成人类集体主体。在您看来，这难道没有任何区别吗？

塞尔：笛卡尔恰在科学起步之时，在认识的中心放了一个"我思"(cogito)的"自我"(ego)，这并不是一个不起眼的小悖论。我说的科学起步是指一个团体(collectivité)正在形成，这个团体虽未形成一个职业，但已围绕着证明和实验进行组织。换言之，科学起步时的主体当即就是集体性的。您可以看看希腊的数学学派。随着科学历史的演进，集体之主体日渐庞大。同样，这儿还有另一个不容小觑的悖论：一个多世纪之后，当科学之人开始职业化，并形成浩浩荡荡的科学运动时，另一个重大行动开始了：这一次的知识建立在一个先验主体、另一个"我思"，即康德的"我思"之上。

在科学中，这个"我们"在认知，"我"时而会创新，但研究团体中有多少人对这个"我"嗤之以鼻啊！他们和厌恶神秘论的教会如出一辙。我觉得在辩论这个问题上，您总是能胜过我。

拉图尔：20 世纪的科学哲学在美国有库恩（Kuhn）、德国有哈贝马斯、法国有科学社会学，他们无一不是花了大把时间把认知之单个主体替换为认知之集体。

塞尔：很可惜，我们一直在浪费时间纠正一些简单的人工错误。但另一方面，这是一个巨大的变化！这个"我们"运作起来和"我"完全不同。不管怎样，这两种主体都很难认识。

拉图尔：那我们就称之为集体主体吧……

塞尔：好的。

拉图尔：我们甚至可以去掉主体或集体，替换为结构、知识型（épistémès）、功能、言语、"它在说"[①]，等等，根本没有任何变化。所以在中间就有

① 拉康语，意为"无意识在言说"

您说的分割插入法[①]或交错配列法[②]。

塞尔：怎么可能有变化呢，我的苏格拉底？

拉图尔：现在我试着把您放到批判哲学的对立面上。为此，我要把开普勒椭圆一分为二。在上方，我们越来越不遗余力地把剔除了一切科学的纯神话和剔除了一切神话的纯科学截然分开。现在更有意思的是，我们要在哲学家的这些努力之上再叠加一层世界之物的变化。有越来越多的拟客体、混合物、怪兽、巴力神－“挑战者”号、朱－庇特，它们掀起了第一轮、第二轮、第三轮工业革命。每一场革命都让拟客体越来越多，让哲学家无法理解……

塞尔：……无法理解发生在我们眼皮底下的事。

拉图尔：您的哲学研究针对的是越来越多的拟客体，这一反常规。我们很清楚地看到您的书的目的。

塞尔：我一直梦想我的书能帮助人们理解我们生活的这个世界。当然，我不是很肯定，也许正是因为这一点，我还没有说服我的同时代人。您减轻了我很多的工作，谢谢您说服我做这样的辩论。

---

① 法语 tmèse，一种构词法，将某个复合词的组成部分分开，在中间插入另一个单词，从而形成一个新的词，如塞尔对“朱庇特”一词的操作。

② 法语 chiasme，为一种修辞方式，将两个句子不同或相反的句子按照 AB-BA 的交叉方式排列，例如“无世界之人，无人之世界”。

拉图尔:必须明确地站在这个中间位置上。

塞尔:这是三个世纪以来整个哲学的盲点。

拉图尔:这是个连接点,是两个极点之间的连接点。因此,您的混合理论显得如此重要,因为您从来不认为这种混合只是纯粹形式的混合。康德的意图是纯化两个极点,并把现象——它们的交汇——当作物之纯粹形式和主体之纯粹形式的一种完美的混合来思考。但您走的路却和他完全不同。

塞尔:《自然契约》引起的不适也正来源于此。自然既然是事物,它怎么可以成为契约的一方呢?

我的混合计划始终如一。您看我的标题《五种感官:混合身体的哲学》(第一卷),后面的书只需要加上"第二卷""第三卷",以此类推即可。

拉图尔:这就是为什么后现代者觉得《自然契约》相对于您的其他作品更难懂。现在的自然在他们眼中是需要保护的,而不再是需要征服的,所以没有什么可思的空间。我们认为现代思想已经终结,在现代思想中已经没有人工自然的位置了。它是不可理解的混合物,所以我们必须付出新的代价去重新思考。

塞尔:这就是"朱－庇特"的寓言。

拉图尔:是的,一个很有启发性的寓言。

塞尔:我从未停止过在这里的思考。

拉图尔:您认为在中间有很多有意思的事。

塞尔:各种各样有意思的事。

拉图尔:这深刻地改变了我们的历史观,因为您使用过去的方法完全不同。过去不再因为一系列翻天覆地的革命而一去不复返。您的位置在两极中间。有一种物的历史,所以物不总属于自然的一极。这是您的研究中最有意思的一面。当您批判“非世界主义”时,您没有回到物……您的物是积极的、社会化的,发生过一大堆奇怪的事件。而在另一极的社会也不再是人文科学给予它的特点,它重新充满了物。

塞尔:人类和物一同开始,而动物没有物。

拉图尔:所以全然无法理解。

塞尔:但是如果有一种新生的源泉,它就应该在那里。

拉图尔:在那里。

塞尔:又是谁藏起了这笔宝藏?

访谈五　智慧

拉图尔:在之前的访谈中，我们解决了阅读您作品时遇到的一些困难。我还冒昧请您指出您的观点相对于主要哲学思想、相对于您的同时代人，究竟差别在哪里。如您所说，这些问题让您“如坐针毡”。您责备我过多追问您早期的作品，追问您的职场关系，而对您新近的作品以及现在的兴趣点，即您所说的伦理，关注不足。

塞尔:是的,我如今对分析和方法的问题不像以前那么关注了。哲学追求智慧,而且这可能是最重要的。科学和理性都是智慧的组成部分,但远远无法涵盖它的全部。

“sapiens”一词在拉丁语中意思是“智者”。这个词由希腊人发明,后被人类学家重新使用,用于定义人类①。它由一个动词延伸而出,该动词的意思是:有品位,能感受细腻的味道和香气。

---

① 人类学中以“Homo sapiens”一词指智人,是人属下的唯一现存物种。

智慧和哲学

拉图尔:可我受到的教育一直要求我把论证、研究和怀疑的哲学和过于道德化、审美化、自我中心的智慧区别开来。我一直认为哲学追求或喜爱智慧,但从未真正拥有它。

塞尔:谁又能彻底拥有呢?不要相信不留选择余地的"区分",因为它毫不掩饰它区分良莠的操作。在这里,它把研究、怀疑与自我中心截然区分开来。

拉图尔:我的困惑可能是因为您没有对哲学给出您的定义。

塞尔:哲学构成一个世界,既有宏观总体,又可细致入微。它探索并给出答案,不仅针对艺术或科学的专业问题(这些问题常常与行业群体相关),例如空间、时间、历史和知识、方法和证明……除此以外,也许更重要的是回答那些简单鲜活却不可逃避的问题,那是我们自幼年起便提出且只有在哲学中才可获得解答的问题:个体和集体的死亡以及暴力是什么("死神统治");身体、皮肤、感官、房屋和道路等是什么(《五种感官》);海、天、树、贫穷等是什么(《解脱》);花园、火山、石头、桩子、服装是什么(《雕像》);动物、与近邻的关系、工作、饮食、疾病等是什么(《寄生者》);土地、城市、法律、公正、地球是什么(《自然契约》);山川、河流、爱、青春、教育是什么(《第三个学习者》;他者、放逐、衰老、友谊、美德,是的,还有良善,以及恶,不曾停止的恶又是什么。

这些问题从未停止,它们像马赛克碎片一样充斥了从一根小草到众神的命运这样的存在者和可思之物。这些问题的答案更多来自事物状态,来自对于事物的直接且常常是痛苦的经验,而非来自被读过和被重复的书,或是一沓材料。当我们用自己的双手、用自己的血肉一处接一处,一物接一物,正大光明地构造一个世界,直至建成一个整体的时候,我们不会沉迷于批判、逻辑和历史等,而不去关注哲学。

拉图尔:就我的理解看,这样的工作并不会因此通往智慧。

塞尔:创造智慧首先要构造一个浸没在"恶"的问题之中的整体世界。或者更难一点,不如产生一个活生生的、切实可教育出来的智者。可能每一代人,不管是否愿意,都会重新塑造一个智者的形象。

我们都了解先辈中的智者:后辈和先辈的智者有明显不同,因为今天的我们正在经历着一轮智者形象的反转,这很奇怪但也很重要。

拉图尔:我不知道您说的变化是什么意思。也许我在无意识中已经经历了,这就是在我看来智者仿佛不属于当今这个时代的原因。

塞尔:因为在您的想象中,之前的时代是这样的:

我们服从于铁定的法则，永远生活在一个没有宽赦的世界中。历经千年的智慧，无论是古典时代的、基督教的或世俗的，还是最新近的智慧都在帮助我们承受不可避免的痛苦，这些痛苦缘于不取决于我们的必然性(nécessité)。

自人类诞生之日起，我们就在根据取决于我们的事物以及不取决于我们的事物之间的区分调整自己的行为。

本地、亲属、街坊、邻人、同类，他们有时候取决于我们；而广阔大地上的远方、可期的未来、地球、宇宙、人类、物质、生命……所有被哲学家们理论化的总体范畴却总是逃脱我们的掌控。

拉图尔：可我们总是在同一个必然性的世界中，我们怎么逃得出去呢？

塞尔：您太年轻了，没有发现新近的变化吗？

大约在20世纪中叶，第二次世界大战之后，所有的科学学科突然间一同突飞猛进，物理、生物、医药……这些学科同时大幅带动相应的科技。它们在组织工作、食品、性爱、治愈疾病、延长寿命等总之关乎个体和集体的日常生活中成效斐然，最终掌控了空间、物质和生命，以至于人们不禁期待终有一日可以将不取决于我们的事物的边界线推向最小极限。疲惫可以被减轻，贫困和痛苦几乎消失，不可避免的痛苦得以避免，所以还有什么是无可补救的呢？

最近的两到三代西方人生存安逸，衣食无忧，几乎可以说是生活麻木。可能有史以来，人第一次活得像神一样，幸福、确信、笃定，相信从今往后一切将取决于他们的知识和技术能力，这个可能性即便不能当即发生，至少也可预期在短期内实现。

当古老的整体必然性轰然倒塌时，这两三代西方人安然自得，陶醉在日益增长的消费狂欢中，直至枯竭，危机随即而至。而传统的道德显然再无用途，变得无法理解。

借助火箭、卫星、电视和传真，我们掌控了重力，征服了空间；明天，我们无法接受新生儿健康的不确定性，我们要为他们选择性别……可是，身体的衰老、距离、地球的运行、基因病理学和生育自古以来都是被视作不取决于我们的自然事物啊。

曾经束缚我们的东西，如今受制于我们。死神望而却步，老人可以返老还童。曾经被古代智者哀叹或吟唱的短暂生命也被精心计算的预期寿命所替代，在富有的国家里有钱的女人可以活到70岁以上。曾经没有补救、没有宽恕而如今却取决于我们的客观依赖性在摇摇欲坠，连带着撼动了我们的智慧。

拉图尔：您的意思是，智慧曾经是人生存的手段，但随着必然性界线的逐渐后撤，智慧也便显得多余，几乎过时了？

塞尔：确实如此。集体和个体在无望的痛苦中挣扎的场面依然印刻在我童年的记忆中,印刻在古典文学的记忆中,但它已几乎无法辨读。道德构成了一整套实践方法,虽然它们效果不一,但都可以用来抵抗世界和我们自身的羸弱共同铸就的奴役枷锁,可现在的我们不再需要这些拐杖了。

确实,至少对富裕国家里最富有的一群人来说,这是一段历史的终结。但第三和第四世界的人始终挣扎在“我”的童年和人文学的记忆中。

拉图尔:所以科学和技术抹除了您说的“区别”,而这一区别正是道德建构的基础,是吗?

塞尔:这至少是科技最新的战绩。古老的箴言[①]已经变了,变成:“一切皆取决于我们,或终有一日将取决于我们。”或者更确切地说:“一切之一切将取决于我们,不仅仅是万物,而且是所有的全部,或说总体性。”我们会做出什么事?回答是:终有一日做到全部或几乎全部。因为我们的技术和科学发现了——“发现”是个全新的事物——某一些道路可以由近及远,从毗邻处延伸至总体,从局部通往整体。

但是它们的突然反噬也同样让人担忧。我们还会做出什么事?答案还是终有一日所有的事,加倍,

① 该箴言指的是古罗马斯多葛学派哲学家爱比克泰德(Epictetus,约55—约135)的箴言:“有一些事情取决于我们,而另一些不取决于我们。”取决于我们的是人的思想和精神,而不取决于我们的是物质世界。

不仅在量上，更在质上？我们当然会做出世上所有的善，哺育、照料和治愈；但同时，仿佛对称一般，我们也会炸开这个星球、导致气候失调、决定只生男孩或只生女孩、在实验室里培养致死的病毒让它随风传播……我们成了生与死的悲情决定者，那些自古以来被人依赖的伟大力量——地球、物质和生命、时间和历史、人类、善与恶……都要唤我们为主人。我们的手已经染指形而上学。

新的掌控力改变了古老必然性的阵营。必然性曾经游荡于静物自然或生物自然中，曾经在世界的法则中藏身、酣睡。而如今，近半个世纪以来，它不动声色地潜入了原本由我们掌控的地盘，盘踞在人之自由中。

我们现在是地球和世界的主人，但是我们的掌控力仿佛不受我们的掌控。我们的手上抓满了所有东西，但我们却不能控制自己的行为，好像我们的能力不再受制于我们自己。于是，有时候一些局部的、有意识的善意计划，可能游离于我们的意志之外，或不经意间变得恶意满满。据我所知，我们尚未完全掌握道路，因为它走向不定，原本带着善意从本地的石子小路出发，最后却可能通往地狱之整体。

我们深思熟虑的思量跑不过我们征服的速度。您看，今天的技术发展正在加速航行：只要一公布某某技术的可能性，它很快就会进入竞争、模仿和关注的垂直坡道，急速攀升，在某处成为现实，并几乎以同样的速度被视为“所需”，然后在第二天早上被说成是“必需”。如果这项技术被禁止，我们立即要跑上法庭申诉。我们今天的历史就像一块需要快速赶工的布料，从可能到现实，从偶然到必然，不过须臾。

拉图尔：这还是“魔法师弟子”[①]这样的传统主题，或更经典的“灵魂补足”[②]的说法。“我们的技术超越了我们。”为什么哲学会认为这是一个新的思考主题呢？

塞尔：不要被这些古老意象困住了脚步。这里面的“新”来自从本地到整体的通行。

让我们总结一下当代冒险的这一条线段：科学先是经历了“量”的时期，然后进入“质”的时期，这一点我们已经说过；再后来是“关系”的时期，我在此前也描述过；现在我们明显进入了“形态”时期：可能的、现实的、偶然的、必然的。我们不再生活在世界的必然性中，而是生活在知识的形态中，它承载着我们社会的未来。我们沿着科学的盲目命运道路前行，技术创

---

① “魔法师的弟子”这一说法出自歌德1797年的同名诗歌。主人公是一位刚学习魔法的年轻人，趁着师傅外出，试用扫帚魔法，但因学艺不精，最后把师傅的房子淹了。因此该说法表示一意冒进、无法掌控自己能力的人。

② 柏格森在《道德与宗教的两个来源》一书中质疑现代生产和消费模式的时候指出，我们（用工具）增大的身体等待着灵魂的补足。

造出可能，并随即突变为必然。

“一切取决于我们”这一事实不再取决于我们。这就是新智慧的新原则或新基础。

拉图尔：必然性重新回归，但它却变成一种不可能性：我们不可能不去决定一切。我们不得不掌控一切。

塞尔：是的，我们能选择孩子的性别，是的，基因、生物化学、物理和与之相关的技术给了我们所有的能力，但我们应该控制这种能力。可是目前看来它有些脱离我们的掌控，因为它们比我们走得更快，偏离了方向，超越了我们预见的能力，超越了我们控制它们的能力，超过了我们改变它们方向的欲望，超越了我们决定它们的意志，超越了我们引导它们的自由。我们已经解决了笛卡尔的问题：如何支配世界？我们能否解决下一个问题：如何支配我们的支配，如何掌控我们的掌控？

拉图尔：这就像萨特说的无限自由，但和他的自由却是背道而驰，因为您说的自由通过强力延伸到所有科学和技术的细枝末节，是吗？

塞尔：别再引用名人中断我们的讨论。

这意味着我们应该选择孩子的性别，应该在他们出生前保证他们的健康，应该维持世界的平衡，应该组织或保护生命的多样性……在不经意间，对于同样的行为，我们已经把动词“能够”变成了“应该”。意想不到吧,道德就这样回归了!

我们之前的几代人曾经有很短的一段时间运用“能够”,而我们这代人不得不言说“应该”:我们又套上了另一个枷锁。

拉图尔:但这个理由还是无法解决哲学和智慧之间的断裂。

塞尔:断裂当然存在,但同时也在被消除。对于西方历史上非凡的、几乎如神一般生存的两三代人而言,这种断裂已经被缝合好了:必然性已经败下阵来,我们在客观世界中大获全胜,但同一场反必然性的战争依然在继续,只是先锋部队换了。必然性和我们的自由在同一个阵营:多奇怪,多新鲜啊!

必然性离开了自然,进入了社会。它放开了物,找到了人类的居所。

成为主人需要肩负起沉重的责任。这一下子把我们抛到远离人之独立的地方。可我们就在昨天清晨还自以为无拘无束,以为独立将成为产生新能力的玫瑰温柔乡。

我们以前不曾领导的东西,现在需要我们领导:为了掌控地球,我们要为地球负责;为了掌控生死、繁衍、健康和疾病,我们要为之负责。我们必须为一切事物做决定,为一切之整体(Le Tout)做决定:包括物理和热力学的未来、达尔文的生物进化、生命、地球和时间……我们要对可能性进行筛选,对进入存在之物做出评估，而莱布尼茨在谈到对神秘无限的理解时曾经把这些归为造物主的壮举。

于是我们需要一种神奇的知识，于细节处敏锐，于总体上和谐；我们需要一种崇高的智慧，当下处清朗，未来时谨慎。近似于神吧？

因为这个世界好像突然一下子受制于我们的集体立法。我们以前很难设想会有客观世界法则独立于人类和政治的法则之外，而今天客观世界法则回归了，位列人类城市的法则之下。地球是不是将取决于城市，物理将取决于政治呢？

明天，我们的孩子们的生活和行为将由我们设计、决定、制造和塑形的地球来规定。同样，我们征伐的成果将在我们身后限制我们未来的决定。我们的总体权力将产生一种反噬机制，改变我们的实践行为。明天的我们只会生活在我们今天制造的条件中。

一种客观道德

拉图尔：所以不能像以往那样把道德从哲学中分离出来，因为如果我理解正确的话，道德是从个体、主体出发，从他可以掌控的东西出发，指向物体，指向他不得不掌控的东西？

塞尔：是的。智慧的首要基石或首要条件就在于知识产生的所有客观事实。现实的科技把人类行为的结果转变为我们生存的条件。是我们自己构建了生存的条件。

拉图尔：我们自以为比古人自由，但其实是他们比我们自由，对吗？

塞尔：这就是为什么我们经常在伤感音乐中听出怀旧的通奏低音[①]。说到底，我们的祖先在古老的自然必然性年代虽然遭受了超乎寻常的苦痛和饥饿，疾病缠身，命不长久，但他们应该生活平静。因为他们只需安身立命，或根据职务，领导为数不多的几个人，有时候是关系疏远的人，但大部分是亲属。即便是罗马皇帝奥勒留[②]——一个不完整世界的老主人——他也不曾背负整个地球的命运（虽然他有此雄心）或是为万物负责。

我们看到他的道德轻如鸿毛，而我们的道德则有百万吨重。

他甚至也不能为自己的身体负责。当我知道某项工作、某种饮食或定量锻炼在概率上的结果，我就在很大程度上对自己的生老病死负责。来自客观知

---

① 通奏低音为欧洲巴洛克时期古典音乐最重要的特征之一，是主调和声织体，有一个独立的低音声部持续在整个作品中，所以被称为通奏低音。

② 马可·奥勒留（121—180），全名为马尔库斯·奥列里乌斯·安东尼·奥古斯都（Marcus Aurelius Antoninus Augustus）。罗马帝国政治家、军事家、哲学家，罗马帝国五贤帝时代最后一位皇帝。著有《沉思录》，对人生和伦理道德问题有深入的思考。

识的道德驱逐了我的文化。我们曾经依照传统风俗和地区习俗,品尝地方小吃、喝着酒精、吃下脂肪和糖,但现在它们都被取代,我们必须遵照清淡饮食的要求,是的,这是细致入微的节制美德,我必须以沙拉果腹!还要跑起来,赶快去健身房。因为疾病和生死都由我自己决定。

贪吃和懒惰,奢靡和易怒,它们都从告解室走入了实验室,从主观和精神的意愿变成了理性的明证和义务,变成了必然的目的和原因。个体的性爱自由构成了一种生长培养基,转变为人类集体抵御病毒的必然性。这样的局部行为可能成为人类生存的总体条件。

拉图尔:所以我之前以为道德把我们带回主体的自我中心,这种想法是错误的?

塞尔:当一个时代的必然性与自由在同一阵营,而不是两相对立的时候,您要看看这个智慧的特点、能力和明显的客观属性:智慧是个体身体的一部分,附身于少数几个的名人典范,它侵入集体和世界,甚至侵入历史的时间:因为科学和技术让我们为子孙后代负责,为他们的人口数量和健康状况负责,为我们留给子孙的真实条件负责。我们的决定和行为将决定我们留给他们一个怎样的世界。成功的科学实践把智慧客观化。

当必然性从物走向人的时候,道德却反向而行,从人走到物。

为什么我须得如此行动，而不做其他？是为了让地球存续下去，为了让空气可呼吸，为了让海依然是海。为什么还要遵守这个义务？是为了让时间继续流淌，让生命繁殖，获得相似的生息繁衍的机会。客观如此，仅此而已。

拉图尔：义务不是康德的实践理性中的绝对律令吗？ 它不也是从纯粹理性演绎出来的吗？ 我们曾经努力区别的实然（fait）和应然（droit）不再有区别了吗？

塞尔：广义来说，为什么我应该如此？是为了让事实继续，并继续产生事实。事实如此。

为什么有义务？因为在物理和实然意义上，我们变成了本地或总体的所有实然存在的守护者、保护者或倡导者。为什么有此义务？为了生命延续，至少从生物学意义上就是如此。

应然等同于实然。义务等同于事实是因为我们的行为后果变成了后人生存的条件。因为我们制造的事实和物又通过众多的事实重新塑造了我们。由我们发出的行为变成了我们的“母亲”。经由我们自己随心所欲塑造的地球和生命，我们成了我们自己的父母，也是第一对父母——亚当和夏娃。

应然等同于实然，因为我们自己变成了持续创世的造物主，因为必然性又进入了我们人类的居所，因为必然性又与自由联手，因为我们在普遍的历史中是这场联姻的第一批孩子。

因为我们的科学和技术力量让我们的超越性（*transcendance*）如同河水般持续流向和流入内在性（*immanence*），并为它流淌。所以这就是我们的新伦理的标题："Natura sive homines"①——自然即文化，而道德也即客观规律。

所以这与我在《自然契约》中表达的法律哲学是一致的。②

拉图尔：但人对自然的掌控使道德客观化成为一种悖论。必然性从未像如今这样严苛，对大部分人而言，发展的铁律比从前的天命说更灵活吗？

塞尔：从前的客观必然性像彗星尾巴一样在回归或持续存在。悲苦、饥荒和疾病，它们中有的新近产生，有的是旧时遗留，都在摧残着范围越来越广的第三和第四世界。对此，那些生活在光芒四射的核心的人难辞其咎，我也在其中。我们追逐这种智慧，因而制造并产生出越来越多的不幸者。这是第二重责任、新的义务，我们的行为产生了其他条件，是对富裕国家的集体自恋的最后一击。

智慧的第二个基石或第二个条件在于人类所拥

① 拉丁语"Deus sive Natura"意为"神即自然"，原为斯宾诺莎提出。在此，塞尔将其改为"Natura sive homines"——自然即人。

② 塞尔在《自然契约》中将自然视为法人。

有的权力产生的所有人类事实，这些事实包括金融、政治、战略、法律、行政、地缘媒体，以及最终广义的所有科学。

人类科技把这些人类行为的社会产物变成人类生存的条件，要求我们担负起义务。我们这些地球的主人缔造了一个几乎遍地悲苦的世界，而这个世界客观上构成了一种“基础数据”，决定了我们的未来。

拉图尔：我们这两三代人，包括我这一代，也包括您这一代人，都彻底享受过必然性撤退带来的红利，但如果我理解正确的话，这场节庆已经结束了，对吗？

塞尔：必须承认这场节庆是合法的，但常常令人厌恶，它标志了古老必然性的消失，我们沉溺于财富，痴迷于药品、珠光宝气、物品的琳琅满目。但节日之后，新一轮黎明来临，终究要清算。必然性从我们身后的私密小门再次回归，躲到“我们”中间。

请您回顾一下认识论走过的路，它只想争论方法或证明。您会觉得义务是自我中心的吗？我说的义务是在词源意义上，所有把我们和第三世界绑定的关系。您有没有注意到，我们从来没有说“我”，我们只说“我们”。

被遗忘的人文学

拉图尔：我一直不明白您的道德建立的基础是什么。您把我们所有的希望放在人文科学上，但您又不相信人文科学，而且您经常非常严厉地批判它，这一点您必须承认。

塞尔：在这些革命的年代——我是指我们行为的产物变为生存的条件，以及能力变为义务——我们的希望以及我的希望都走向人文科学，因为最大的盲点就来自这个“我们”。“我们”变得如此高效、崇高，就像一艘巨大的船，大马力，大吨位，在海上高速行驶，劈波斩浪，但值班的船员只能大致掌握航线，因为他无法全盘考虑各种限制条件，并及时做出决定。

何况这种政治控制论的古老隐喻已日趋无力，几近消失，因为在物的现实中，掌舵操作引起的一系列船身倾斜还会改变海面本身的状态以及船只的吃水量。但我依然使用这一隐喻，因为只有当过水手的人才记得只有一个岸标是无法确定航向的。在一个方向上至少需要两个叠标[①]。

比如，你们要强烈质疑生物医学声称的伦理，当

---

① 叠标为内河航行标志之一，由前后两座标志组成导航线，帮助船舶沿航线航行，又称导标。

它说希望拿到病患的知情同意书的时候，它提出的知情是什么？至少需要两个“光”源[①]，否则就会只有一个叠标，它很快会执掌一切，成为必须、必然。“知情”/“光明”只来自医生、专家、研究者、生物学家，总之永远只来自科学。需要对病患的境况仓促决定的人只知道新的必然性命运，这种必然性和从前的必然性一样盲目，它是科技或理性的自恋。

取决于我们的光悄悄地渗透进我刚才说的不取决于我们的阴影。奇怪的是，无穷的明亮最终导致无穷的黑暗。所以我们需要另一座灯塔。我们首先要求助于人文科学，因为人文科学的目的便是悖论性地研究这个不再取决于我们的“我们”。

拉图尔：所以人文科学是必须的，它能帮助我们找到其他的叠标，形成三角测量，确定航线？

塞尔：这必定是另一场节日。这些新的人文科学教会我们成千上万的事物，甚至是新的思考方式。从语言学到宗教史，从人类学到地理学，我们得到了许多信息，没有它们，我们始终不知道世界的多样性。它们教会我们普遍的，甚至是普世的宽容，让我们像空气一样灵动，让我们惊讶地看到祖辈口中严苛的法则有多么固执。我们的硬科学哲学如果没有人文科

---

① “知情同意书”的“知情”(éclairé)在法语中本有“被照亮”之意，因而又与“光”的隐喻结合到一起。

学便无法存在。

尽管如此，每一束光都有它自带的阴影。随着人口加速增长，人的活力却越发虚弱，而硬科学的光明终将照入它的盲区——这个高效的"我们"，即人文科学的发展需求；同样，当人文科学外在于一切物体时，只探索人与人的关系，对物的世界一无所知的时候，它也无法教给我们任何东西。

当一个地区处于两束光的交界处时，我们可以获得最佳的光明；反之，如果两束光没有任何的交集，这个地区也将随即隐去。如果每个光源都想要独自发光，并认为在它之外一片黑寂，那我们只能走向屈从的叠标或道路。

拉图尔：所以道德需要交流、联姻，需要被推向人类集体的硬科学和被推向物世界的人文科学的互补？

塞尔：确实如此。但这并不是双人戏，而是一场三人戏。主要斗争不在于硬科学和人文科学的两军对垒。因为这两者都是科学，真实的也好，自称的也罢，它们彼此互不了解——无人之世界和无世界之人，主要的斗争在于它们预设了某些关系，这些关系都试图替换掉人文学。表面上看这是次要的，但其实至关重要，这场游戏在之前的几十年里被对必然性的遗忘主导。

陶醉于消费的几代人快乐如神仙，他们已经失明。必须理解他们,因为这是"恶"的古老问题:一旦他们趴在神的盛宴上畅饮,在琼浆玉液中醉生梦死,在新的失乐园中消弭了痛苦,他们还记得这些东西吗:不幸、伴随亡灵于沙漠之中的金字塔铭文,在城市废墟上先知耶利米的哭声,《约伯记》里坐在炉灰中哭喊、手里拿着瓦片、刮着身上的脓疮的约伯[①],特洛伊战争里空寂的恐惧,在海面上随风漂流的尤利西斯,古希腊的悲情,远古人类导师普罗米修斯的受罚,被钉死在十字架上受难的耶稣,基督教金色传奇[②]里流传的殉教者事迹,以浓烈爱情或人生苦痛为主题吟唱的故事、描绘的场景,永恒的无边喧嚣,呻吟,悲叹,人的诗篇(无法根除的暴力、荒诞而徒劳的悲剧、必死的命运,他们为此而哭泣),低沉而怯生生的哀哭声,持续且低不可闻,它极美,是一切美的源泉,但却因为暴力的怒火和复仇的喧嚣(它们极丑,是一切平庸的源泉)一直在扼住他的喉咙,所以哀哭无法被人听到。音乐、声音和呻吟被保存在我们成长的苦难文化中,没有人理解或知道是谁在发出贯穿历史的背景噪声,是人类总体发出的吗?是从历史或唯一上帝处伸出的绷紧的琴弦发出的吗?这几代人认为既然它们再

① 据《约伯记》中记载,上帝与撒旦博弈,考验义人约伯,让他继家破人亡后,又满身长满毒疮。

② 《金色传奇》为意大利多明我会修士雅各·德·佛拉金所著的基督教圣人传说集,原文为拉丁文,约创作于1261—1266年间。

无用处，何必还要留着？

硬科学继续它们无人的命运，可能走入“无人之境”；同样，人文科学继续它们无物、无世界的命运，将暴露于“无责之地”；两种科学以高效和清醒的科学之名齐头并进，忘记了人文学，忘记了不断的哭泣，忘记了以不同的语言齐声哀叹人之不幸。我们刚刚才持有的力量对我们漫长岁月里的羸弱嗤之以鼻。

这几代人像古时的神祇，在仙界的狂欢里及时行乐，开怀大笑，听不到凡人的哀哭。我们上一辈人才刚刚走入这座奥林匹斯山，我们难道要离开吗？我们在盛宴上吃饱喝足，瘫坐在这座富足的银山上。一到晚上，我们就坐到山上的一个个电视屏幕前，看着屏幕上数以百万计的瘦骨嶙峋的人痛苦死去。与其说他们是我们的手足，不如说他们是我们的孩子或我们的产物吧，或是影响我们未来生活的必要条件，所以他们也是我们的父母吧？

因此这道又宽又深的断裂需要缝合，因为要理解这个新世界，理解这个必然性与自由同处一个阵营的世界，就必须让古老的文本透出“光”来，因为它们揭示的是经历漫长历史的古老必然性。仅有一个光源是不够的，无论这光是来自硬科学还是人文科学，它们都自称为科学。

拉图尔：我们又重新回到上一次访谈说的运动。人文学自身携带着一道“连字符”，问题不再是把物的科学和社会的科学对立起来，而是要拿出一个能把它们联结起来的东西——一个任何人都不应再斩断的戈耳狄俄斯之结[①]。

塞尔：我们都说意识形态死了，有没有可能只是因为它被定义为一种只借助一道光源的哲学？这种哲学要么只从所谓的社会科学传递的信息中获取它的价值，建构它的基础，或是相反，只从所谓的硬科学中获取价值，构建基础。反过来说，如果一种思想只有两者中的一个源头，那么它是否就可以被视为一种意识形态呢？当我们把“知情同意书”交给专家的时候，我们又在服从哪种意识形态呢？

总结说，由硬科学产生的客观事实建构了第一重智慧，现在我们要重新在人类事件——这些事件由我们产生，又构成我们行为的条件——的基础上构建第二重智慧。

但这也只是一个基础，是广义上“科学”的基础。和两束光源一样，两个基础同样必要。

正如能力和义务不可分，知识和不幸也不能分离，两者同为客观，也可能同样普世。如果只认识或只经历过其中之一，我们就无从知晓我们在想什么，在做什么，我们又是谁。

---

① 弗里吉亚国王戈耳狄俄斯在自己当年做农夫时使用的牛车上打的结。这个结极其复杂。据神谕，解开此结之人可称霸亚洲。后被马其顿国王亚历山大用利剑劈开。

当我们可以说所有的语言、破解所有的密码、被教授绝对的知识，但如果我们重则未曾经历、轻则从未听闻人类无可救赎、永无尽头的痛苦，那我们还是一无所知。苦难之海的浪涛发出背景噪声，噪声之上分离出我们所有的知识和实践活动的条件。

这就是我们知识和能力的源头。不，我们就此认识事物并作用于它们的未来，并不是因为我们有五种感官可以感受和观察事物，就像从前哲学的言说只是为了娱乐或某些冷漠的理由，而是因为我们感受到自己的苦难或罪孽，因为我们哀叹人生苦短。知识应该建构在这样的哀悼之上。

我们的能力来自我们的柔弱，我们的能力来自我们的脆弱；我们的科学别无其他的基石，唯有这一恒久的坍塌、缺失以及在痛苦的深渊中无尽的下坠。

因为要想方设法对付“恶”，我们产生了力量，而“恶”的问题便产生于这个力量之上。当我们使用力量的时候，恶也因此反复出现，如期而至，播撒下“恶”。科学产生于恶，与恶一同开端，以恶为基础，部分消弭了恶，又同时发现了恶，并与恶一同钻入成千上万的科学解决方法中。这些解决方法在今天构成了我们历史的主体部分。这场权力较量让我们在胜利之后又忧心忡忡，不安之后再得成功。没有什么比记住“恶”的起源更重要了，哲学已经把它遗忘了。

人类中最后一批守护真正意义上的人文学的人

是人类苦难的保管者。这些苦痛在一代一代人中传递，通过学识渊博的祖辈中最为智慧之人的声音向我们诉说。做决定或做教育的时候都不要忘记先辈的声音，这些声音孕育了我们能力的逻各斯，因为在第一声警报铃响起时，您正是向这个声音跑去寻求现实的意见，就像求助一位经验丰富的先祖。

将悲剧驱逐，它明天还会借您的手回来，因为您的专业能力由它而来。如果您忘记或抹去这笔珍藏，您就无法知道如何安置今日的悲剧（自从世界诞生之日起，悲剧就始终不变地存在着），也无法知道如何在一个不幸永不消失的土地和历史中生活。

如果把"恶"之起源的可怕教训从科学中抹去，那么科学只能把我们出色的专家培养成野蛮粗俗的人。比起被必然性制约的技术落后的时代，现在这些专家要可怕得多，这个世纪已经给足了我们此类教训。未来迫使他们尽快寻找一种"人文科学"，我的意思是更接近于人文学或人的科学，因为在我们的语言中，指称人类这个种群的单词也意味着同情。

所以，什么是哲学？是在绝对知识面前不屈地见证普世的不幸。如果没有这样的教育——"教育"有多个词源意义，即教学和法律上的意义[①]——知识就

① "instruction"在法语中除了常规的"教育"的意思外还有"预审"的意思。

等同于不负责任的无知,而无知的"天真"又再次构造出一个没有宽恕的世界。

无教育便无道德

拉图尔:很不幸，人文科学确实与硬科学分离，因此远离了我们这个时代。

塞尔:您和我一样为此感到惋惜,但您比我更积极致力于重构它们之间的关系。举一个人文科学异在于它所在世界的悖论例子,"介入"道德曾经预设了这个问题已经被解决,因而没有尝试去解决它:不懂硬科学的人即便他加入某个政党也不存在任何介入,因为政党在本质上就是重复过往的教条和行为,而产生当代的却是科学技术的转变。

一把斧子把我们的前辈一分为二:一方是唯科学主义者,另一方是对诞生了科学的西方理性嗤之以鼻的人。而在斧子劈开的交界面上,我把我的主人公称为"第三个学习者":首先他给两个文化的交融以时间。我们可以说科学家太年轻,因为他掌握的知识很少超过十年,也可以说人文主义者已活过数千年,他接受和传承古老的传统。而我的第三个学习者集科学家与文学家于一身,他有机会达到我们期待的"成年"。

他当然是个理性主义者,但他不会相信科学可以穷尽理性的要求,他将科学和人文科学进行中和。同样,人文科学也远远无法穷尽人文学传承的内容。所以他相信一个神话或一篇文学作品中的严谨性不亚于一个定理或实验,反之亦然,定理和实验包含了同样多的神话。

拉图尔:所以要建构道德必须回归人文学?

塞尔:我更愿意说是复兴,因为我讨厌回归,回归总是变形的。第三个学习者既可以从莎士比亚,也可以从博丹[①]那里学习政治哲学,或者从巴尔扎克或左拉的文字里学习社会学,为什么不呢?通过风格写作学习语言学……但更重要的是在一切领域感受不幸。智慧需要开创第三种教育,这种教育在科学精确的经线中织入重拾的人文学的强韧纬线。

拉图尔:您还没有真正回答我关于智慧的问题。可您又讲到了教育。

塞尔:如果不首先思考如何培养真正活着的智者,我们永远无法创立一种抽象的智慧。如果在我之后无人成为智者,我做智者又有何用?人与上帝之间如果真正存在某种区别的话,那可能是在于上帝用万能之力和全能的预知力创造物的世界和全部的人类,而人呢,至少在目前阶段,我们无法预知即将出生的

---

① 让·博丹(Jean Bodin,1530—1596),法国政治思想家、法学家,近代资产阶级主权学说的创始人。

孩子的身体和思想，无法预言这个世界。所以，我们唯有通过教育，才可拥有对于未来的小小的先见之明。我们没有预知力，我是指不能知晓天意，我们只有远见而已；当我们没有科学时，我们还有智慧。

我们这个时代致力于创作出越来越多的将来，并不断把未来作为人类生存的条件，所以我们的时代缺少一个教育和培养的计划，这简直是场灾难。如果不事先构思好我们到底要培养出怎样的人，我们就永远不可能设计出这样的一个教育计划。

他的身体应该是这样的：他通过饮食和锻炼为他的身体负责；他有第三种文化：它来自两束光源。美就存在于两束光的交汇中，美和科学一样能救人，和科学一样客观。我不知道还有什么比失去某一束光更失败的人生。不知道你有没有发现，丑陋和贫瘠总是在教育中同时出现？多产或创新的艺术都不能离开美。

这就是为什么《第三个学习者》描述了一场拥有两个焦点的开普勒式的革命：知识的太阳和第二个焦点之间有一段可度量的距离，这另一个焦点虽然不如太阳光芒四射，但它同样活跃。如果您以为知识论(gnoséologie)的圆圈只有一个光源圆心那就错了，就像“研究”(recherche)[1]一词让人以为的那样,该词的词根是“圆圈”(cercle),甚至还有一个更博学、更透明的词“百科知识”(encyclopédie)[2]也是如此。不,天空中除太阳之外还有第二个焦点。智慧就像开普勒对太阳系做出的描述一样,沿着椭圆轨道运行。

测量这两个焦点之间的固定距离,估量两者之间的互补性,探索这一距离存在的原因,估算另一个太阳的生产力,以及两个焦点的多产性,而不仅仅是引力的主导或调节作用(两个焦点失去其一会怎样?),这才是教育计划,在这个计划里第三类知识遵循开普勒的规律。

弱:历史的动力

拉图尔:我有理由保持怀疑,因为您对智者的描述会导致一种完全孤立、孤芳自赏、回归象牙塔的形象。谈论道德总是让人只关注自我,这就没办法再大幅往前走。

塞尔:您年纪轻,有点急躁,不过讨人喜欢。我年纪大了,只是希望您多一点点耐心。智者首先需要身

---

① “研究”(recherche)一词在通俗拉丁语中为“circare”,意为“绕圈”,研究即围绕某一中心主题的探索。

② “百科知识”(encyclopédie)在希腊语中为“enkyklios paideia”,意为“一般教育”,字面意思为“在圆圈中训练”。

体和力量(可以说是“五种感官”),然后是今天这一代人的文化(可以说是“第三种教育”),我认为它翻转了前一代人的文化。您是对的,文化和身体都浸润在人类群体中,这个群体反过来又构成这一代人的生存条件,就成了我们。每一代人不仅定义自身,选择他们的榜样,更知道如何选出他或他们的“他者”。

拉图尔:您必须在这里谈谈他们。

塞尔:历史上从没有一个时刻像我们这个时代一样有那么多的失败者,那么少的赢家。随着时间的推移,包括科学在内的竞争速度越来越快,模仿日趋白热化,于是我们这个时代产生的失败者数量急剧增长,几乎所有人明天都有可能沦为失败者,而成功者的“俱乐部”(我的意思是能者的“万神殿”)则逐步萎缩,愈发固化。今天,哪个国家不面临着坠入第三世界的可能,包括我们的国家;又有哪个人能保证自己在明天不坠入第四世界?

少数人制造了大多数,而大多数又规定了少数人的生存条件。这个机制和从前一样继续重复着。我们制造了总体的人类条件,所以我们是这一总体条件的直接责任人。可以说,主体在这场客观的循环中迷失了自我。在这个循环中,财富制造着悲苦,与无知抗争的知识产生着无知。

拉图尔:您在不知不觉间又回到了一开始谈及的战争,或者说回到了论战的论战,我们从未远离。

塞尔:我们从未离开过"恶"的问题。

我们选出的"他者"是失败者和弱者,他们脆弱、贫穷、困顿、忍饥挨饿、身无分文、无家可归。今天的地球上,他们是大多数,是他们在客观上、数字上、统计上,甚至在本体论极限上给出了人类或人的最佳定义。这个定义在抽象和思辨的哲学上极难给出,但在我们每个人的周围司空见惯。

拉图尔:我没有理解您对人的定义。在这次访谈开始,您谈到了"智人",也就是智者。

塞尔:那如果智慧和柔弱相伴而行呢?孩子、老人、青少年、旅人、移民、病患、濒死之人、穷人、苦难者、饥民、痛苦疯狂的人……他们注定寿不得长:你们看这个人(Ecce homo)[①],这就是人。今天这个星球上有数十亿这样的人需要我们负责。

但又有谁不是弱者?力量只不过是那些为宣传自己而付出高昂代价的人的吹嘘和谎言。成功者、强者被通行的公共道德赞美,屈指可数的几个胜利者露出獠牙,在我们的智慧中这些人与野兽无异。纵观整个动物界,有哪一种动物对于它的同类和整个世界造成的危害比今天在生存竞争中胜出的咄咄逼人的成年男性更大?我们时常能在机场里见到这头可怕的

---

① 此句引用自《约翰福音》第19章第5节。罗马帝国驻犹太行省的都督本丢·彼拉多责令士兵鞭打耶稣,并向众人展示身披紫袍、头戴荆棘冠的耶稣时,对众人说了这句话。

怪兽提个小行李箱匆匆路过。

被选中的他者本质是什么？是弱者。智者投身和居住的群体是什么？是弱者的群体。现在，您再看智者的生存和思考方式，他只是地球上穷愁潦倒的、悲苦的人中的另一个穷人。

我曾经像众多被人叫做“无名之辈”的人一样流浪、旅行，我后来也成了“无名之辈”。我毫无愧色，我想说，我曾经认识和爱过韩国人、日本人、中国人、尼泊尔人，去过他们的国家；我曾经爱过北非、中非和东非的人，去过他们的家里，与他们结交；我曾经长期居住在美洲，看过从魁北克的鹅毛大雪到巴西的热带雨林；我还去过南太平洋上的岛屿，曾乘船在红海上旅行，在新加坡中转……我曾经像农民一样种地，像工人一样上过工地，我站过柜台，当过商贩；我在大学里当过蹩脚的书呆子；我接触过大使和修女，见过极少几个亿万富翁，但见过很多的穷人，既见识过真真假假的天才，也见过大批的蠢材，还有壮汉和弱不禁风的人，醉鬼和无名英雄，很多平民百姓和一些国家元首或其他类似的要员，体力劳动者和大声健谈的人，异教徒和神秘论者，德高望重之人和市井之徒……总之，我见识过不同的经纬度、形形色色的境遇：贫民区和宫殿、国家和职业、阶层和街区、语言和气候。这些都是我真实的经历，我还同样真实地走过百科知识的所有地带，我的意思是我真正在其中工作，而不像游客一样浅尝辄止……我甚至走进南美印第安人的家里。相信我,他们的生活之悲惨,没有一副铁石心肠是无法在那里做研究的,我的意思是教会他们一些东西,而不是直接给他们吃的、喝的、被褥或药品……不,不,我从不相信那些对人类根本差异言之凿凿的书或演讲词。不,人虽然看上去各不相同,但在所有生命体的分类中,在门或种等分类方式中他只属于"人属",因此他无论何时、无论何地都是同一的:受伤的、痛苦的、害羞的;如果再深入说,总体上是好的,大部分是平庸的;他们因自身孱弱或因缺失资源而撒谎、作恶、卑鄙、残忍;一些人意外地变成咄咄逼人、高居人上;他们爱吹嘘、唯唯诺诺,但如果没有过度被压迫,他就会变得勇敢、强壮、愚蠢而冒失;所以,从总体上讲,人是不幸者,从数据、一般性、全体、本质、本体论、客观性等各个角度看——人是"可怜人"。

智者栖身于人群中,我们已经描述过他的教育。他不仅博学,而且有悲悯心。他并不仅仅属于我们这个时代(在我们的时代,成功者制造了现实和人的生存条件,他们玩的是一种"赢就是输"的游戏),智者在本质上属于时间和人类历史,因为正是"弱"构成了时间。

拉图尔:按照您的辩证批评,您是否有意把"弱"当作历史的动力?

塞尔:您看到这一点了,我并不担心广而用之。

再勇敢些！是的，是“弱”构成了时间和历史，整个人类的进化历程就是在“弱”中进行。尽管达尔文意义上的时间在很多人看来好像属于胜利者，并给了成功者一种几乎自然的权力，让他们踩着失败者的躯体前进，但他的时间依然是偶发突变的。我们在问题中前行，而不是在胜利中，我们在失败和补救中前行，而非在超车中。

拉图尔：您忘记了那些伟大的帝国！

塞尔：噢，不！历史上最强大的力量只是通过驱逐不受欢迎的人、苦役犯、罪犯、妓女、疯子、所有的社会弱势群体来扩展他们的空间。我们知道，科学——它即将成为历史上最大、最稳固的帝国——也是通过排除异己、排除体制的受害者来实现它的扩张。如果说古希腊死于奥林匹克竞赛的意识形态，罗马亡于扩张，那么我们是否有一天也会死于对财富和万能核力量的追逐呢？所以，能力和义务的等式再次回归。

拉图尔：您的意思是意识形态和知识运动虽然声称要捍卫受迫害者，但它们都失败了。在它们之后需要找到其他的方法保护弱者？

塞尔：是，也不是。是，千真万确；不是，是因为您的方法又把自己置身于高高在上的保护者的位置。我们今后最紧迫也是哲学上最根本的问题是：不幸者说何种语言？最弱者何以逃出必死的命运？第三和第四世界范围迅速扩展，并将几乎占据世界的整体，他们该如何生存？如何思考物之弱和人之弱？我的意思是地球和人类之总体。如何思考知识和技术效用、力量和孱弱之间的关系？您看到了吗，从天边的另一头，第二重的客观道德正在回归？

我说的最弱者同样还指思想之弱：在一个科学无往不利、技术至高无上、真理在全球媒体中传播的时代，教育怎么会堕落至此？文化轰然瓦解，无知蔓延，文盲数量大幅上升，这难道不是一种悖论吗：空间里交流畅行，时间里却再无传承？

所以“恶”的问题又大幅回归。

客观之恶

拉图尔：您重提恶的问题，是想恢复这一哲学或神学的重大问题吗？批判以为已经解决了它，而人类依然还在背负着它，但无论是硬科学还是人文科学都不认为它还存在于当下。

塞尔：为此我们必须重新审视法律、科学和哲学之间的关系。

简而言之，我们经历了一个阶段的终结。这个阶段，就我所知，虽然可能扎根于历史的起点、世界形成之初，但其实应该起始于莱布尼茨的《神正论》。莱布尼茨提出了他的问题：痛苦、不公、疾病、饥饿、死亡，总之我们可以简单概括为“恶”的东西是什么？或者首先应该单刀直入地提问：我们是否可以指出哪个人或哪些人需为恶负责？

在之前的谈话中，我们曾经说到“一切取决于我们”这件事不再取决于我们，那么我们是否可以指出这个熟悉的“我们”和那个陌生的“它”①究竟是哪一个或哪些人（单个主体或集体主体）吗？

拉图尔：后一种提问方式开启了我们在上次访谈中说的批判时代。

塞尔：说批判是因为它搭起了一长串审判席，在审判席前有一系列“官司”有待审理。是的，这场诉讼从原初就已存在，但它的现代形式始于莱布尼茨。三个世纪以来，这场审判行动始终稳定不变，只是被告、律师或辩护人、陪审员或检举人的席位上的名字和人发生了变化。在《神正论》里，莱布尼茨充当律师，以“Paraclet”为名，即圣灵，为上帝开脱，认为他不需背负恶的指控或责任，与此同时，作者担当了法官的职责。从此之后，批判的导向，甚至是司法导向，一直高歌猛进，从未停止，从行动走向教化，从教化走向先于教化的侦察，或走向侦探一职。

您可以把我的“天真”称为“非批判”（a-critique），而如今看来，他的“天真”比我的“天真”更天真，因为

---

① “一切取决于我们”在法语原文中用了无人称主语“il”，只为形式主语，不指代任何具体的人。

它基于一个假设:一定存在一个或几个人,个体的或集体的,需为恶、痛苦、不公等来负责,他们不去首先质疑被告之席的存在本身。

拉图尔:您的意思是我们必须继续思考恶的问题,但不再是通过侦察指控某人某物的方式,是吗?

塞尔:是的。说到底,即便批判本身不相信上帝,它也依然相信上帝的位置;它不再相信存在一个造物主的上帝,但它依然相信有一个或数个制造恶的始作俑者,撒旦或是代替撒旦的一百个魔鬼。所以批判把普通的被告推上了法庭,我们知道他们的名字,并口口相传:男性、父亲、剥削者、白人、西方人、逻各斯中心主义、国家、教会、理性、科学……他们每个人必定罪孽深重,浑身上下泡在恶行里,淹没至眼睛。

拉图尔:是的,揭发。我们无法忍受揭发的行为,很多人都有此同感。但为什么您认为这个阶段结束了呢?

塞尔:因为出现了新情况,原因显而易见:清单上已经列完了所有可能的被告,这些人不过是古老的唯一被告——上帝——的"小零钱"罢了。《神正论》把作恶多端的始作俑者撒旦换成了上帝。我们每个人,最终所有人都要去被告席上走一遭……都是伏尔泰的错,是卢梭的错……在这个有限被告的旋转木马上,又要轮到谁了?

我们甚至可以说在这张完结的清单里，曾经的受害者对称一翻都进入了被告栏。男性是被女人诱惑的受害者，而今天女性取代了男性的位置，以此类推。晚近历史经历过一些迅速的替换，例如女性替代男性，暴君替代盘剥者，反对意见替代某个观点，曾经的受害者替代胜利者，但恶的肆虐并无显著变化，这让这一阶段呈现出一种出人意料的对称，可以说是“永恒轮回”。

所以总结说来，所有人都可以认罪、被告发、自辩、洗白，人人皆可。

拉图尔：如果我们已穷尽各种可能的被告，新的阶段结束了以往的揭发行为，我是指“揭发”[①]一词的所有意义，那么您如何定义这个新阶段呢？

塞尔：用总体结果来定义：恶、仇恨或暴力有它作用的客体，却没有主体。雨、冰雹、雷鸣落在所有人的头上，但没有一个人端着喷水管或控制电流。活跃的恶像无人称动词一样变化：下雨、下冰雹、打雷[②]。

拉图尔：“它”如果不是任何人，那它是谁？

塞尔：所有人，但又是无人。我们回到了客观性。但正如我刚才说的，客观性从天的另一边、从人文科

① “dénonciation”一词除了常用意义上的“检举”“揭露”之意，还对应于“去蔽”。

② 在表示天气的陈述句中一般使用无人称的主语“il”加上相应动词。

学的那一头回归。

所以是所有人，又是无人。灾难从永恒翻涌的云团上无情地坠落在所有人的头上，坠落在每个人的头上，因而造成了整体的、大团的恶。

不可能的质疑

拉图尔：我不明白为什么人文科学要为恶的遗忘问题，或者说为恶的反复出现、始终不变负责任？

塞尔：可能负责任的不应该说是人文科学吧，而是始终只以人文科学为载体的哲学批评。这种批评有时候锻造了一些可怕的诉讼机器。意识形态就属于这类机器。所以批判哲学错了，并不是因为它说了什么，这些内容往往是正确的，且论据充分，而是因为它们之所是。当然，剥削者的剥削是非正义的；当然，站在权力、荣誉、能力和胜利一边的部分人是有罪的；当然，我和您一样，可能一生中数千次见过卑鄙的人、不公的人、寄生虫和杀人犯；当然，我们遭受过可怕的集体压迫，这些人常常以追求真理、公正和道德的名义，践踏前行路上的一切，但批判哲学犯的是元(méta-)错误，我敢说它的构建本身就错了，因为它整个是用批评、正义、诉讼、审判行为和被告等词语组织起来的。

拉图尔：我们又回到了上次访谈最后说到的终结

批判的悬置。您是因为这个原因不再相信批判吗?

塞尔:这一切都是互相关联的。我们都是被告、原告和检举人,我们是疑犯,预判有罪,同时又预设无辜。恶的问题不可能再用司法的方式解决,它成了一个科学问题:普世、客观,稳定地长存于历史中,反复出现,因此它可能需要的解决方法是无主体性的(不管是个体还是集体的主体性),所以是一种客观性的方法,像无人称动词一样不具人称性。

所以,道德是理性的、普世的,而伦理也许取决于文化和地域差别,因而和风俗一样是相对的。伦理站在意识形态一边,而道德站在科学一边:它是客观的。

拉图尔:今天的情况发生了变化吗?

塞尔:在人类以人献祭的时代和诉讼遍地的批判时代之间,理性确实取得了进步。它现在正往前迈出了新的步伐。

诉讼已经完结了,因为在审判席上所有可能的被告已经轮番出席过,从最古老的罪人撒旦开始,然后是与之相对称的上帝本身,然后一直到我们中的每个人,穷人后面接着富人,卑微者之后接着强者(卑微者规定了强者的生存条件,随后又苦于强者的压迫),男人和女人、野蛮人和文明人、无知者和饱学之士。所有的诉讼都是合理的,所有的判决都是正确的,但即便如此,恶一刻都不曾变化过,继续在人间横行。

拉图尔:所有的罪人都得到宽恕了吗?

塞尔:是相互宽恕。这个阶段完美终结了,但恶依然存在,形成了总体的恶,就像风聚合成了云。

在本质上我们都要为恶负责,这是关于"原罪"的一种理性说法。您见过的哲学中又有哪个不包含这种等式呢?

我们本应该可以预见到从审判到客观的转变,因为它是从诉讼(cause)到物(chose)[①],我们的语言好像早就猜到了这一点。我们所有人都是恶的因(cause),也是恶的物(chose),而恶又反过来成为所有人的"物"。所以恶是普遍的、客观的,被抛到我们的面前,而我们也被抛到它的面前,显示出科学之物的种种特征:我们早就知道了这一点,我们在研究自然灾害、传染病、痛苦和死亡的时候,当我们要治病救人的时候,除了细菌和病毒之外,我们很久以来已经找不到上述这些恶的始作俑者了。甚至是当气候变化或风起云涌时,饥荒发生,我们同样找不到始作俑者。对于纷争、不公和苦难,我们都不得不明白这一点。

拉图尔:您的意思是我们虽然结束了揭发的阶段,但我们并没有因此身无一物,我们也没有沦入寂静主义,面对恶和不公无能为力,是吗?

塞尔:也许并没有。我们不能远离恶一步。恶更

---

① chose(物体)一词的拉丁语词源为"causa",有"原因"和"诉讼"之意。

多地来自关系,而不是来自存在或某些存在物中,或是来自哪些人。撒旦主宰世界,他曾经执掌或依然在执掌人与人之间的关系。关系的道德建立在关系的科学之上。

正如人类的虚拟社群用共同的知识和行为规范构建起一个关系体,那么作为自然契约一方的科学,它是一个正在形成中的共同体,它可以、同时也应该不再把恶当作要控诉的对象,而是把它看成有待解决的问题。

拉图尔:但这说的是科学和法律,而不是道德啊?

塞尔:当然是。正如我们要和整体的世界签下自然契约,那么我们是否可以同样和整体的人类签下一份新的道德契约,为所有的指控定下规矩?

这份契约和规矩开启了道德的理性时代,在这个时代我们从控诉转向问题。

我刚才说了,恶的问题根源在我们的知识上,这是科学、法律和道德相遇的地方。

美德的基础

拉图尔:我很清楚这个变化。以前我们希望通过消灭或打败被告来根除我们的恶,而如今我们永远沉沦于恶之中,就像浸没于空气和时间中一样,因为已经不存在等我们打败的被告了。您甚至还取消了我们行动的动力：既然恶已经客观化，我们还能做什么？

塞尔：这里有两个例子。

在人类集体中：我有一种感觉，但当然无法证明，那就是在社会和道德层面存在一种计算不出的常量，它类似于力学或热力学第一定律定义的常数。一个独裁帝国治下滥用酷刑造成的死难者和这个帝国分崩离析时部落之间的仇杀造成的尸横遍野之间存在着某个可怕而隐秘的等式，即在某一既定人群内部，暴力总量不变。这样的经历频繁出现，伴随着我的整个一生，甚至启发了我对历史的理解。

要证明这一点，先要知道并能够合理切分出人群的范围。恶只是换了面具，变了性质，但它一直都在，保留了相同的威力，在总体上最终制造出同样规模或等级的破坏力。

而我们知道，这种常量正是科学建立的基础，因为没有人可以在思考变化时不借助于某个常量。

拉图尔：您的意思是存在一种恶的第一定律？

塞尔：我认为是的。所有的道德以及也许还有政治都首先要直面这一定律，并最好发明出“冻结剂”，遏制住潜在的恶。恶一直都在，埋伏于暗处，随时准备释放出代表它恐怖能力的恶犬。我们要用智慧的目光，像防范爆炸一样监管好这些凝结的恶。没有一个政治体制在本质上或构成上可以例外。

拉图尔:所以我们需要对恶的常量进行管理和移位，而不是扑灭它？这与美好的未来相去甚远！

塞尔:这和《寄生者》的思想是一致的，我们要重新组织问句:何为敌人？我们的敌人是谁？如何对付他？换个说法，比如:癌症是什么？是一大群需要我们不惜一切代价驱逐、切除和扔掉的迅速繁殖的恶性细胞吗？又或者它只是一种需要和我们签订共生契约的寄生者呢？我更倾向于第二种解答，生命本来如此。我敢打赌，将来治疗癌症的最佳手段不是消灭癌细胞，而是利用它的活性。

为什么？因为客观上，我们必须继续和癌细胞、微生物共存，甚至和恶以及暴力共存。在战斗中，敌人只会和我们一样遇强则强，所以与其发动一场永远无法胜出的战争，不如找到共生平衡；微生物会很快对我们的消杀技术产生抗药性，我们必须不断更新“装备”，所以与其像个清教徒一样对所有的病菌赶尽杀绝，不如把它们撒入凝乳中:有时候还能做出美味的奶酪呢！

拉图尔:这对我们在访谈中一直谈及的论战之论战不失为一个很好的解决方法！您那么喜欢混合，却不喜欢讨论，这一直出乎我的意料。

塞尔:我再说一遍，在辩论这个问题上您一定程度上说服了我:恶的问题一部分反映在论战中。什么是敌人？敌人通常就是我自身制造的以及我不得不有条件地、长期地和他们立下契约的另一方。

所以您欣赏辩论也是对的，辩论可以让我们立下一系列本地契约，这些契约可以具体化为一问一答的环节；而我真正害怕的是论战，它掀起无休无止的战争，反复燃起，并愈发暴力，从本地打斗发展到前锋或后卫队的你死我活的战斗。谢谢您治愈了我青春时可怕的记忆。

有没有可能我们人生中的喷火巨龙有时候只是禁锢在鬼脸面具下的公主，她在朝我们求助呢？

拉图尔：但是如果回到个人层面，我还是没明白怎么从恶的客观化中总结出某条人生规律？

塞尔：去读一读精简绝妙的七宗罪名单吧：骄傲、吝啬、嫉妒、暴食、奢侈、愤怒、懒惰。这是人的根本之恶或神经官能上的缺陷，心理学很难做出解释。它们的共同点在于只看到"增长"，并以数量的增长运行，对吗？骄傲者只想名列前茅，生活在纯粹的序数词的名次中，把世界变成永恒的奥林匹亚周期——"成王败寇"[①]；吝啬者遵循着基数词的序列，从百万攒到数十亿，停不下来——穷人去死；唐璜则在继续他的猎

---

① "Malheur aux vaincus"(拉丁语 Vae victis)为古高卢首领布雷努斯(Brennus)占领罗马时说的话。

艳战果，超出一千零三个女人[①]；而懒惰者把午觉睡成一生，用消极的黑夜覆盖人生，用笨重的身躯压垮家人和亲属。古往今来，这些病态之人连同他们的邪恶天性总是最先被满足的。

所以，美德之用处可能只在于阻止这种"增长"：像反身动词[②]一样对自身施加一种节制，分出自己的一部分力量，用于节制自身力量的效力，我的意思是"自我节制"(auto-retenue)。

您瞧，虽然道德使用了理性的概念，但两者有很大的区分。

拉图尔：您并不回避谈论美德！但哲学上的例子还不够。

塞尔：我说的是客观道德，而所有客观的东西都是以第三人称叙述的。而所有用第三人称叙述的，我们称之为"普遍的"。

拉图尔：第三人称。您是想继第二次访谈中谈到介词之后再说一说人称代词吗？

塞尔：是的。哲学使用动词和名词构建了这个电报密码的语言，为了让它更可靠，我们难道不应该再做一些补充吗？

---

① 根据民间传说和文学创作，"花花公子"唐璜曾经诱惑了1003个女子。

② 法语动词中有一类动词自带代词，表示该动作作用于自身，或称反身动词。

我刚才说过要建立客观道德必须有两个条件，第一个条件来自硬科学和技术，第二个条件来自第二个焦点，即人。为了更好地理解它们，我用一种人称代词的哲学来解释。

首先让我们回到控诉。我们争辩的在法律上是诉讼(cause)，在科学上是物(chose)，虽然两者有时互相转化，我们的语言就是一个证明，因为在法语中两者几乎就是同一个词，一音之差，何其微妙[①]。"诉讼"一词的拉丁语词源"causa"同时衍生出"物"和"客观因果"。我们又看到了第三人称。

首先，我们看看或早或晚出现的反思哲学或唯我论，它们在"我思"主体上争论不休吧。这两个阵营通常情况下把"我思"主体转变为实体的主格之"我"、宾格之"我"、"自身"、"同者"。

但这些单数的主格或宾格之"你""我"严格说来并不是代词，即不是名词的替代者，它们不过是在对话、争论、论战、直接叙事或间接转述中随意交换的筹码罢了。为了佐证我的这个观点，请允许我引用我三十多年前写的第二本"赫尔墨斯"系列《互涉》一书第153至155页的内容，我今天想做个补充和修改。

接下来我们需要研究第一人称复数的"我们"。

---

① 法语中"诉讼"(cause)和"物"(chose)读音都以/o:z/结尾，词首辅音虽发音不同，但书写仅仅差别一个字母"h"。

它面对着同样复数的第二人称"你们",它与"你们"分立两端进行论战,又通过意见统一与"你们"结合在一起。这两者同样也是群体在争论、契约或战争过程中用来指称的筹码,但它们不能绕过第三者。如果没有第三者,我们会陷入沉默或思想的缺席中。所以,我们要修正"我思",把如今总是呈现为复数且任意囊括第二人称的这个"我们"带入构成第一和第二人称的第三人称:

> 我们从来只说他,
>
> 我们从来只思考他,
>
> 如果没有他,我们一无所是。

拉图尔:我不是很理解这个"他"是谁,也不明白他如何成为我之前问您的那个客观基础?

塞尔:我们现在在说的那个人。这第三个人,我们希望把他驱逐出我们的语言地盘,或是让他成为"他""他者""每个人"。我们让他扮演相似的角色——他者、所有人、他们、众人等部分或整体的集体,他是从我们的语言地盘中部分或完全排斥出去的部分或整体,或相反他是被突出、称颂和赞美的部分或整体,他是代词"它"的拉丁语词源"iste"或"ille"①;他是一个物体或一些物体,是"这""这个"和"那个",

① 拉丁语本身没有第三人称代词,iste 和 ille 等词意为"那个",起到了指称的作用。

是一般客观性的整体或部分；他是气候学里无人称的世界：下雨，打雷，下冰雹，下雪[①]；他是存在本身：是“有”(il y a)[②]；他还是道德：必须(il faut)；这构成了一个极为复杂的丰富整体，既要分析总体，又需要考察不同的元素。

“打雷”……“必须”……也许这里的代词“他”和那句根本论断“一切取决于我们这件事不再取决于我们”的代词“他”是同一个词[③]。

当“他”被纳入整体进行思考，这第三个人可以言说并任意描述任何存在的客观之物和所有可思之物：人、静物世界、俗世、世界、本体论、神、道德。这就是您问的一般客观性的基础，是总体和总体化，总体是指参考的一切：存在和知识，对话和论战，世界和社会，主体和无人称，爱和恨，信仰和冷漠，物(chose)与诉讼(cause)……我们不是作为消极的观众远远地思辨它们，而是在集体和社会行动的积极实践中把握它们。可见，我想说的是道德的基础和物理的基础并没有什么不同。

---

① 这些表天气的语句中主语使用无人称代词“il”。

② 表示“某地有某物”的句子同样使用无人称主语“il”，类似英语的“there be”句子结构。

③ “打雷”(il tonne)，“必须”(il faut)，“一切取决于我们这件事不再取决于我们”(il ne dépend plus de nous que tout dépende de nous)三句使用的都是无人称主语“il”。

拉图尔：这个单数的“他”在我看来有一点复数的性质！

塞尔：确实如此，我们从来只谈论他，这个我们爱着或恨着的他是个体或集体；我们只思考他，他是我们欲望、爱情或怨恨的对象：我们崇拜的物神、我们纷争的焦点、我们交换的商品、我们的技术工程或我们沉思的具体或抽象的载体；我们从来只谈论他，他是气候，或让我们坐立难安，或让我们怡然自得，它是岩壁，期待我们的到来，我们身处其中担心电闪雷鸣；我们从来只想他，他在宇宙中存在或缺席，是天与地、可见与不可见的创造者；我们从来只谈论他，他是萦绕我们心头的“存在”；我们从来只思考他，他是我们的责任，是催促我们早起的训令。

没有这所有的“他们”，我们就无法存在。在我们不知道这个宇宙的名字时，最好找一个代词指称它。如今的我们却拥有了可以随意构建或摧毁它的能力，它是一个无生命的、生命的和人的紧密的整体，以第三人称存在，由生产之物(chose)和条件之因(cause)构成。客观之物(chose)在前，人类的控诉或义务的因(cause)在后，但它们同时产生。

拉图尔：我希望人文科学有同样的基础。

塞尔：当然。黑猩猩和狒狒(您对它们的研究比我深入，因此比我更了解它们)，白蚁和河狸，动物之间仅仅以“我们”为基础，不断地缔结着纯社会的空白契约。这些契约效力轻,因此它们需要不断地实时缔结新的契约。这就是为什么动物社会在政治上疲惫不堪。而人类则以物之重开始,因此人类的新社会契约是有重量的,沉重的契约开启了不可预见的历史,它不同于动物契约的同一重复。

我们的契约之因在物。没有物,我们将依然停留在政治动物的状态,仿佛所谓的人文科学应用于野兽之上。

物进入人类集体的切入点

拉图尔:我同意您的想法,社会科学依然只在乎主体,即“人间人”,而从来不言及物自体。那么您如何让物进入这些关系中呢?我觉得要描述物如何进入关系只能求助于神话,那么您想提出怎样的神话呢?

塞尔:应该是这样的:我、你、我们和你们都不是代词,而只是类似扑克牌里多功能、可互换的“百搭牌”(joker),在某些关系中它们可以随意交换。因此,它们在人类集体中是一些宝贵的概念,甚至在法律中不可或缺,因为法律的重要功能之一就是确定法律主体。“自我”(ego)首先在罗马法中是动词“相信”

(credo)的主语①,然后才被圣奥古斯丁使用,成为基督教神学的主体,后又被笛卡尔拿来用,所以它既是一个法律概念,又是一个信仰概念。

最初的契约可能是空的、制度的,只和"我们"相关。我们那时候是动物,当我们在政治上还沉浸于纯粹简单关系的幻觉中时,我们依然还是动物。所以,我们曾经生活且将仍然生活在形式和想象的法律的永恒轮回中。

拉图尔:我在等物体如何出现。

塞尔:随后第一个契约对象出现了:例如一个苹果,就是夏娃给她的爱人的那个苹果。它是礼物、赌注、护身符、第一个商品,等等,它第一次沉重地刻画出爱情、反抗、认知、冒险和疯狂预言的关系。这一枚水果让第一个最简单的人类集体走入历史。我们在科学之树前赤身裸体,心怀爱意,终有一死,屡屡犯错;因为有了这个既是物(chose)又是诉讼(cause)的苹果,这第一个物,我们站到了神的、道德的、民事的、刑事的、决定善恶的法庭前。

我不知道也不想在各种语言中雕琢:哲学在言说时有多个声部,如同赋格曲和对位法,它使用像数学那样的多功能的语言,用多义的比喻来表述,利用多

① 参见塞尔2004年出版的《棕枝主日》(*Rameaux*)一书,其中一节名为"Ego credo"。

义性产生意义。

没有“她”或“他”，我们什么也不是。从此以后我们只谈论他，是的，谈论第三个人。如果我们不思考某物，便是一无所思，如果不言及某物，便是空谈，哪怕这个某物是我们的关系网：这证明了如果言谈中没有第三人称，便不存在第一人称本身。

第三人称首先给言谈带来了重量和稳定性，然后才是意义和优雅，因此是第三人称奠定了真理或话语的意义。不，言谈如果没有第三人称便无法织就，因为第三人称指称并描述了整个宇宙，人、物、上帝和存在，气候和义务，或是总体上的法律之诉讼（cause）和科学之物（chose），或是我们古往今来所有的道德问题。

拉图尔：所以拟客体（quasi-objet）是一个代词吗？

塞尔：这是你给它起的名字！

历史是这样展开的：起初时，只有一个空白契约在重复，它只和人类集体内起伏不定的关系相关。然后第一个物进入其中，为契约施以重量、加以密度，于是历史变得越来越黏稠，刹住了脚步，放缓了速度，好像着陆了一般；此时法律的时代浮出水面，此时唯有物是关键，可以是护身符或商品，这标志着物与人类关系开始融合，但无法分析；最终科学时代到来，物与人类关系分离，但又同时构建着新的关系。人类关系与物的自我调节机制将永不停止。

拉图尔：物创造了新的社会关系，而社会关系又创造了新的物，这双重循环中产生了人类集体。但在物和人的共生中，道德并没有出现啊？

塞尔：今天我们迫切想解决的道德问题可能诞生于一个特殊的时期，当时物开始主导人类关系，而我们还没有走出人类关系主导物的古老时代。是的，我们需要不断厘清两者之间的关系。我们尚未对工业革命以来科学、技术、实验室和工厂制造的物品"洪流"如何介入人类关系的问题形成充分的认识，同样也没有了解清楚我们如今由跨国企业构成的普遍关系。

我们确信人类产物的客观实用性，这显然没有错，但我们没有看到这些物正在制造各种错综复杂的新关系：它们都属于拟客体。今天的我们在努力生产，也许不仅仅是今天，是自从我们成为这些"物－关系"的"生产人"(homines fabri)以来，我们便在努力生产。我们从此制造出最总体的物，构成我们所有关系的条件：这就是义务的基础，从最明显的意义上就是"关联"。这总体上构成了道德的客观状态：所行之事皆成责任。

拉图尔：您阐发的道德概念是不是和我们之前谈过的关系的先验条件，以及从关系和关系总体出发获得的"综合"相关呢？

塞尔：恶之因的整体就是关系的整体。我们之前说过，要了解恶之因只需要描述介词网络便可。

拉图尔：是不是有多少拟客体，就有多少关系模式，有多少介词，就有几宗罪？

塞尔：是的，每一个介词只说出恶的一小部分。这就是为什么上帝——我们传统上称他为“仁慈上帝”(bon dieu)①——是所有良善(bonifiées)关系的总体。

拉图尔：所以您的哲学把代词和介词引入了哲学语言中？

塞尔：为什么哲学要继续使用电报风格的古老语言呢？那种语言仅以动词和名词为基础，没有介词，没有性数变化，也没有代词。而没有了这些，我们便无法表述关系、主体或物体。新的哲学语言贴近老百姓的语言，您瞧，它形成了一个全新的抽象过程。

道德法则

拉图尔：要总结您的道德思想，必须把它和伦理(éthique)区别开来，必须改变人文科学，让它们吸纳硬科学的物，必须同时改变硬科学和人文科学，让它们吸纳人文学，后者的身上背负了已经客观化

① 民众口语中称呼上帝之辞。

了的恶的问题，是吗?

塞尔:是的,因为我们进入了互涉的混合空间,我们此前对此有过描述。

意义诞生于恶,诞生于恶产生的种种问题,并压迫我们。“恶”可以用“暴力”一言以蔽之。而伦理呢，更接近于人文科学,它考虑的是不同文化和个体所持有的并体现在语言和风俗中的各种“偏斜”(obliques)的选择,但道德是普遍的——我的意思是相对于无穷的“偏斜”,道德是普通的——因为它与客观的恶的问题相关,因为恶的问题可归结为暴力问题。我们对暴力的态度体现在古老的诫令中:“不可杀人”①,显然我们保留了这一律令,并体现为“汝不可施暴”。

拉图尔:在之前的访谈中，您希望寻求综合而不是滞留于碎片，那么您是否会在这一次访谈中提出一些律令呢?

塞尔:为什么不呢?

这条法则曾经针对的是个体的死亡,而如今它涉及的是人类整个群体可能的死亡,以及需承担的种种总体的客观风险。我们拥有了抹去一切事实的能力。

因此,今日这条律令的普遍性是以往的三倍。

1. 汝不可施暴,不仅仅针对某个个体,陌生者或邻人,也包括整个人类种群。

---

① 十诫第六诫,语出《出埃及记》。

2. 汝不可施暴，不仅仅针对存在及生活在你周遭之范围，也包括整个地球。

“汝不可杀人”的律令曾经针对的是人，如今它不仅包括人群，甚至还包括普遍的静物世界。如果要重新表述这项律令，那么道德触及的是军事关系、经济关系和生产关系，道德超越了个体和生者，而和人类集体以及物相关；它不限于某个时间、某个地点、某个语言或某个文化，它既是特殊，又是整体，因为我们掌握的新的军事或工业资源属于总体的能力，因为我们发现和开拓的路可以从局部走向整体。

3. 最后，汝不可施以精神暴力，因为精神进入科学之后就超越了意识或意向，而成为暴力的主要制造者。

这最后一条法则在此之前从未被遵守过，它涉及的是学者、技术员、发明家和创新者、作家和哲学家，是“我们”自己。

拉图尔：您总是坚持“不可”式的否定要求吗？

塞尔：不。您知道吗，我呼吁的“停战”一词在进入古法语之前来自一个特别古老的词，它的意思是“契约”[①]？

拉图尔：您又回到了法律。

---

① “停战”(trêve)一词源自古法兰克语中的“treuwa”，有“协议”“忠诚”之意。

塞尔：不仅仅如此。所谓为他者造福，却常常对他施加暴力，也就是作恶。所以在为他人造福之前，义务之小者要求我们小心翼翼，避免对他人造成伤害。

义务之大者在于爱，不仅爱至亲之人，更爱所有的整体：个人、集体、生命体和无生命体。为此，我们要的不仅仅是道德，而是至少需要一种宗教。而对于这个问题，我们需要写出——或者读？——一本新书。

图书在版编目(CIP)数据

我不想保持正确:拉图尔对塞尔的五次访谈/(法)米歇尔·塞尔(Michel Serres),(法)布鲁诺·拉图尔(Bruno Latour)著;顾晓燕译. —上海:上海人民出版社,2024
ISBN 978-7-208-18745-0

Ⅰ. ①我… Ⅱ. ①米… ②布… ③顾… Ⅲ. ①科学哲学-哲学思想 Ⅳ. ①N02

中国国家版本馆 CIP 数据核字(2024)第 035623 号

出版统筹 杨全强 杨芳州
责任编辑 王笑潇
特约编辑 金 林
装帧设计 彭振威

我不想保持正确
——拉图尔对塞尔的五次访谈
[法]米歇尔·塞尔 [法]布鲁诺·拉图尔 著
顾晓燕 译

出 版 上海人民出版社
(201101 上海市闵行区号景路 159 弄 C 座)
发 行 上海人民出版社发行中心
印 刷 浙江新华数码印务有限公司
开 本 787×1092 1/32
印 张 10
插 页 5
字 数 166,000
版 次 2024 年 3 月第 1 版
印 次 2024 年 9 月第 3 次印刷
ISBN 978-7-208-18745-0/B·1733
定 价 68.00 元